普瓦蘭麵包之書

里歐奈‧普瓦蘭、艾波蘿妮亞‧普瓦蘭◎著　陳太乙◎譯

推薦序

法國普瓦蘭麵包
完美的三重奏

文：吳寶春（世界麵包冠軍）

你相信有一種法國鄉村麵包，咀嚼起來味道像香水一樣，會隨著時間的流逝，產生前味、中味、後味的奇妙變化嗎？你相信有一位千里迢迢來自台灣的麵包師傅，吃完這種鄉村麵包後，居然立刻跪在店門口感動膜拜嗎？

我聽過太多關於這款法國鄉村麵包的傳聞了！從以前就有很多朋友跟我說起這家在法國巴黎、已經有近百年歷史的麵包店，他們的鎮店之寶，就是重達兩公斤的法國鄉村麵包。以前就一直都在想，若有機會去法國，一定要親自去吃吃看！一直到二〇一〇年三月去法國比賽時，我才有時間特地去這家久仰大名的傳奇之店「普瓦蘭」（Poilâne）品嚐這神奇之味，也因此入口時便混雜著自己即將比賽的複雜心情……

我是在比賽的前兩天和朋友一起去的，它的店面不大，一進門就看到擺在牆上的一顆顆大型麵包，上面刻著一個個「P」字的招牌，這是在麵團尚未烘烤時就先烙上的光榮之印，代表著負責與驕傲的心情。這種對待麵包的態度深深吸引了我，讓我有立刻想要吃到它的激動，只可惜前面還排了十幾個人。

好不容易輪到我，店員詢問我要買一整顆、半顆、四分之一顆還是六分之一顆，也同時詢問是否要切？鄉村麵包通常等到要吃時再切片比較好，因為一切開就表示這麵包的壽命也到了，必須儘快品嚐，否則與空氣接觸後就會乾化掉。

店裡的人還把麵包放在牆壁架子上，客人要多大，再切給他們，完全不會觸碰到顧客的手，這就是歐洲的風味，讓你覺得那顆麵包很有價值，我想這是法國的傳統文化，也是對待麵包應有的態度。當下我決定，以後我的店裡，也要把這樣的精神移植過去。畢竟每一顆出爐的麵包，都是創作者的心血，都值得被認真對待。

後來我買了四分之一顆，捧著它走出店面，迫不及待的開始邊走邊吃；那時的巴黎

是微涼舒服的初春三月天，走在窄小鋪著石頭路的街上，我細細咀嚼這傳奇麵包——沒想到，入口之後竟是一種華麗的三重奏，再配上艱澀的口感！

鼓舞人心的經典口感

圓形的法國鄉村麵包與長棍麵包的組織不同，紋路、口感也不同。長棍麵包比較脆，氣孔較大，也就較膨鬆；鄉村麵包則因為加了裸麥，顏色較深、較緊實，氣孔較少，口感較Q，而且摸起來外皮硬實、內裡Q軟。當我一口咬下時只覺得它很硬，和一般鄉村麵包沒什麼不同，不過在口中停留一下和唾液融合後，它的味道又變了！先是帶著微酸，之後立刻又有股香味散出，順著咽喉吞下去後透著牛奶的麥香直衝唇齒，撞擊著我前所未有的思緒！

在短短的時間內就不可思議地歷經了三階段的口感！這神奇的味覺之鑰就在它的老麵（即前次揉麵後預留下來，放置至少五小時以上的麵團）。因為沒添加乾果香料，只是一顆純正紮實的法國裸麥麵包，吃的是那種低調的風味，單純的就是麵粉自然發酵再加上鹽和水。其中真正的關鍵，在於老麵發酵時的時間和溫度控制，就像我每次等待老麵團發酵時，也都充滿期待，好像一個在產房外等待的焦急爸爸，既緊張又興奮。坦白說，比賽之前我本來沒心情去逛麵包店，也沒心情吃東西，因為世界麵包大師的冠軍賽，對我來說，是攀越另一座高峰的機會，可以證明自己逐夢的勇氣與決心。但是，有關普瓦蘭的經典傳說實在太多了，雖然剛吃下去時沒有特別的感覺，反而帶點艱澀，就像我當時的心情一樣——已經身處在夢想中的巴黎麵包殿堂，卻是滿負重任，心情因為兩天後的比賽，緊繃的像紮實的裸麥麵包，毫無氣孔喘息。然而，細細品嚐之後卻深深覺得，普瓦蘭的鄉村麵包真是令人回味的三重奏，大家說的沒錯，的確是一顆經典的法國鄉村麵包，百年全球知名地位的確當之無愧。

當然，如果現在再回去品嚐，味道應該會更不同，因為心情放鬆了，更有餘味去細嚼慢嚥，也許它還有超越三重奏的奇妙層次出現呢！也許有些人會覺得很可惜，好不容易來到這裡，卻因為比賽的壓力而不能放鬆品嚐，但對我來說，這種美好而混雜著艱澀的口感卻十分珍貴，有缺陷的美感更讓我記憶深刻，它紀念的不只是一個頂級法國鄉村麵包的滋味，更是一種要超越自我的決心！

那天下午，從「普瓦蘭」身上，我下定決心：有一天，我做的麵包，要讓全世界的人喜歡。法國人可以，我一定也可以！

2　推薦序
　　法國普瓦蘭麵包──完美的三重奏　吳寶春

9　自序
　　這本書是父親的研究心血　艾波蘿妮亞・普瓦蘭

12 喔！麵包！
Ô le pain

15　喔！麵包！

17　我的職業：麵包師傅

59　畢耶佛工作室

69　普瓦蘭的訓練課程，麵包業者的文化世界

73　倫敦唯一的柴火爐

76 麵包與營養學
Pain & diététique

79　麵包價值備受肯定，仍待更深入的了解

80　疾呼推倡：麵包的好處與價值

82　麵包何止一種

84　麵包大反攻，回歸主食之列

89　麵包好處多多：你所不知道的營養價值

日常生活中的麵包　94
Le pain au quotidien

如何挑選你的麵包？　97

吃的藝術：哪種麵包配哪種餐？　99

如何好好保存麵包　103

烤麵包　105

親手做麵包的樂趣　108
Le plaisir de faire son pain

自家麵包的好口味　111

動手做麵包囉！　114

古早味的經典麵包：
麵粉、水、鹽、酵母，加上絕技好功夫　119

可頌──麵包與糕點之交集　131

製作加味麵包的點子　132

裝飾節慶麵包　138

麵包美食學　140
La gastronomie du pain

麵包的美食學問　143

三明治伯爵遺留下的美妙傳統　144

普瓦蘭式鹹味達賀丁　149

普瓦蘭式甜味達賀丁　159

麵包湯品　165

與麵包有關的食譜　168

172 什麼麥穀做出什麼麵包
Tel grain, tel pain

175 法國各地的麵包

178 法國各地區的麵包

195 世界上的麵包

212 麵包精神
L'esprit du pain

215 生活與歷史中的麵包

216 滋養人類文明的麵包

240 從小麥到麵包──看各時期設計巧妙的磨坊

246 麵包，可自由發揮的象徵

248 麵包，象徵

265 麵包，政治策略題材

271 麵包與藝術

287 普瓦蘭與藝術家的對話

290 普瓦蘭收藏

303 普瓦蘭麵包圖書館，狂熱執著的資料庫

技術指南 308
Guide technique

從穀粒到麵包：穀物、石磨、麵粉 311

不辛苦就沒麵包：揉麵 321

發酵——生命的契機，麵包師傅之高貴 326

法律規定的麵包：麵包業用語所代表的意義 329

參考書目 332

與麵包有關的博物館 334

二〇〇二年，里歐奈‧普瓦蘭與女兒艾波蘿妮亞合影，攝於榭爾旭米帝街的麵包工作坊。

這本書是父親的研究心血……
Mon père travaillait sur ce livre...

　　英國作家格雷安・葛林（Graham Greene）寫道：「最好的氣味來自麵包；最好的味道來自鹽巴；最好的愛則來自孩童。」這句三重奏將我對自己職業的熱情一語道盡──我是一名麵包師傅。

　　首先，麵包對我來說，不僅僅是提供身體所需能量的糧食，更能補充心靈智慧之不足，幾乎也可說是一種精神糧食。記得是在五歲左右，我首度領悟到麵包有多麼美妙；後來更逐漸發現，麵包與人類文明有著相當大的關聯！從那時起，麵包的好滋味就與我如影隨形，而我對它的熱情也有增無減。

　　鹽巴則給我一種人生充滿崎嶇艱險的感覺，如命運之偶然，讓我要提早接管家族企業。最後，孩童使我同時憶起創立普瓦蘭麵包的祖父母與我的父母，以及妹妹和我所要面對的未來。我很驕傲自己能代表我們家族，帶領普瓦蘭走入第三代，並且希望有一天，我能將這家麵包店傳承給我或妹妹雅典娜的孩子。

　　就某種程度而言，我算是出生在麵團裡。父親是名麵包師傅，母親則是名設計師。我的搖籃就是兩人興趣的結晶：一架用放麵包的籐籃改造而成的嬰兒床。

　　隨著年齡增長，我發現自己對家族企業感興趣的程度也有所不同。起初有許多個星期三和星期六下午，我總在麵包工作坊裡度過，用麵團捏小人玩偶；然後是在糕點區做餅乾；再長大一點，我開始進入辦公室，學習麵包工人平日要操作的各種事項。我想自己一定常常打擾到他們了，畢竟我的問題總像連珠炮般轟炸個不停。在店裡工作了二十七年的皮耶為了打發我，甚至乾脆對我說工作坊裡有鬼……

　　等年紀又再更大一些，我只能利用寒暑假繼續在工作坊和辦公室裡學習。我最喜歡工作坊了，那裡既單純又清靜，烤爐總散發出香噴噴的熱氣將人籠罩包圍。這是一種需

艾波蘿妮亞在麵包工作坊。

要用上所有感官去體會的經驗：眼睛所看到的一切動態是如此協調，彷彿在欣賞一場芭蕾舞，聞著酵母的氣味，感覺揉麵的觸感，大圓米契麵包在烤爐中膨脹著，響起噼哩啪啦的酥脆聲音；當然，別忘了最後剛出爐的麵包香。

父母從未強迫我從事這一行。以前和父親在一起的時候，人們常喜歡問他，「女兒長大了以後要做什麼？」父親會用充滿假設的語氣回答，「或許她有一天會想接掌家族企業。」那時，我就會拉拉他的外套，告訴他：「我『要』接掌。」並且微微氣惱他竟然不明白我的心意。

事實上，父親是因為從十四歲起就被迫在自家店裡工作，所以並不希望違背子女的自由意願。在我認識他的十八個年頭裡，他從來不曾驅使或命令我該走哪一條人生道路。他總是不斷鼓勵妹妹和我，要我們廣泛培養興趣，學習新事物，所以在我們不斷追求熱情的成長過程中，始終有父母親的支持陪伴。

二〇〇二年六月，通過高中會考之後，我申請到美國的大學，預計於二〇〇三年九月入學。趁著這一年的空檔，我夏天開始到一家兒童服飾店打工，同時繼續在麵包店裡學習，直到父母意外過世為止。二〇〇三年九月，我展開大學生涯，一邊研修課業，也一邊肩負起經營家族企業的責任。

等我人到了美國，距離巴黎的麵包工作坊超過千里之遙，這才發現自己原來對這個行業抱有極大的熱忱。有天晚上在宿舍房間裡，我聽著室友敲打著電腦鍵盤，驚覺自

己竟然正在做捏塑麵包的動作。從那次以後,我開始與店裡的員工聊起他們對麵包的熱情。我想知道他們是否和我一樣,如此熱愛這個行業;那些製作麵包的動作是否也會為他們帶來平靜;每當麵包出爐時,他們是否也感受到那種心滿意足。當然,儘管他們無法用同樣的方式來描述形容,但可以感覺得出來,我們有共通的想法。

這本書源自父親的一項計畫,他已著手編寫,卻來不及完成。他曾寫信懇請教宗將貪饞(gourmandise)從七大原罪中廢除,我下定決心替他將請願書呈交出去;同樣的,他利用每個星期天下午孜孜不倦地研究撰稿,我亦決定替他完成。多謝雙親的兩位好友,羅蘭絲‧波內(Laurence Bonnet)與姬‧龍白(Gilles Lambert)在我身旁大力相挺,這場出書歷險終於圓滿達成。

這本書告訴我們,父親如何發掘自己對麵包師傅這個行業的熱忱,以及他在麵包與餐桌上的其他料理,科學,文學,乃至人類文明之間,找到了哪些連結。

艾波蘿妮亞‧普瓦蘭

里歐奈與伊布‧普瓦蘭(Lionel, Ibu Poilâne,艾波蘿妮亞和雅典娜的雙親),榭爾旭米帝街,一九八三年。

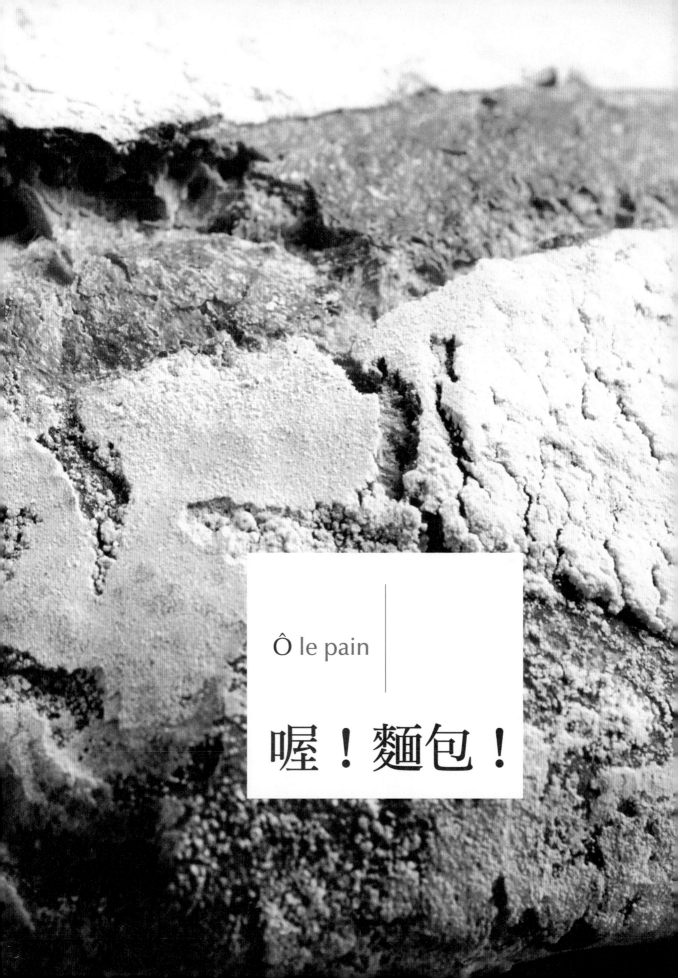

Ô le pain

喔！麵包！

《麵包》，V・傅奇耶（V. Foulquier）繪，十九世紀版畫。

Ô le pain

喔！麵包！

　　在這個章節裡，父親回溯了我們的家族歷史、訴說他的童年，以及職業生涯的開端，並且以最多元的角度來描述麵包師傅這個行業。

　　這一章主要重溫了我們麵包店的過去，同時也回顧了父親的青春。他希望能細說從頭，並且開啟一扇拓展新視野的「窗」，讓內容更加豐富，因為他的好奇心永遠無法獲得滿足。

　　我將上述元素融入父親先前所撰寫的《業餘麵包愛好者指南》（*Guide de l'amateur de pain*）的原始文章中。《業餘麵包愛好者指南》是在一九八一年出版的，也就是說，那是早在巴黎畢耶佛（Bièvers）的工作坊創設之前，就連倫敦的分店也尚未開張（自一六六六年倫敦大火以來，那是第一座得到許可的柴火窯！）。

　　雖然父親生前已重新審閱並增訂添補，卻未能來得及完成。對我來說，這是一份無法取代的珍貴文獻，可看出他畢生如何貫徹熱情在麵包上，讓我再次見識到他那驚人的本領──思考行徑千變萬化，範圍涵蓋天南地北。

艾波蘿妮亞・普瓦蘭

皮耶・普瓦蘭（Pierre Poilâne），羅伯特・杜瓦諾（Robert Doisneau）攝於一九六六年。

Boulanger, mon métier

我的職業：麵包師傅

文：里歐奈・普瓦蘭

無字的書寫

我喜歡我的姓氏。這姓氏可做出很多變化，好比變出完美的字謎遊戲（anagramme，變換字詞中的字母位置以造出另一個字。在此是用普瓦蘭的法文拼法「poilâne」來做變化），甚至連音譯成「蘭」的âne（法文原意為「驢子」），「a」上方的重音符號「^」都可以找到合適的位置，變身為「喔！麵包！」（ô le pain）。姓氏前半的「poil」是「毛」的意思，我覺得沒什麼不好，就連後半部的「âne」是「驢子」我也不引以為意。我其實挺喜歡驢子的，畢竟牠們載運穀作，與磨坊關係匪淺，而且，一般來說，都非常勤奮工作。

普瓦蘭這個姓氏表現了農村傳統與其堅毅不撓的精神。淵源可以追溯到隱士皮耶（Pierre l'Ermite），他曾騎在驢背上，行遍全國，為十字軍講道。人們會追隨在後，拔取他坐騎身上的毛，當成聖物一般珍惜保存。在這個故事的發源地區，還能找到姓「三毛」（Troispoil）或「灰毛」（Poilgris）的家族。儘管普瓦蘭這個姓氏讓我在小學時因為「驢毛」被嘲笑而痛苦了一陣子，不過父親安撫我說，「你會習慣的。」後來我不僅習慣了，還能極為敏銳地察覺到人與人名之間常存在的關聯性。像一位姓潘（Pain，麵包）的巴黎麵包師傅告訴我，他的客戶對他的麵包品質要求格外嚴格。我們還有位也是麵包師傅的鄰居，姓氏是布魯烈（Brûlé，燒焦），我常覺得這個姓氏對他的影響恐怕不小——他店裡的麵包老是烤過頭！

我的祖先則是來自諾曼地的農民，他們耕種的田地有一處位於加謝地區（Gacé），而另一處，說來奇怪，卻在巴黎附近，正好讓我後來在那裡設置了五座烤窯，為畢耶佛的麵包工作坊展開序曲。

我的祖父母生活非常純樸，雖不富有，但也不至於到貧窮。他們是典型的諾曼地

索斯培（Sospel），一九二九年。　　　　　　　　　　皮耶・普瓦蘭在比利時，一九二六年。

人，處事細心又慧黠，頭腦非常靈活，性格也極為正直，力求凡事問心無愧，內心少有掙扎之苦；「確實嚴苛但很公正」，這句話對他們來說是極大的讚美。他們還是虔誠的天主教徒，以往去住他們家渡長假時，每餐飯前我們都要把餐椅反轉過來，當成禱告椅用。我還有兩個姑媽是修女，一位伯父則在掌管修道院。

　　我的父親皮耶相當不多話，很少談起他的童年。不過，有天他倒是突然對我說了一件發生在他八歲時的事。在枝葉成蔭的榆樹隧道下，我父親和他的父親走在一條低窪的小路上，我的祖父轉身對他說：

　　「皮耶，你在上學了，很好。以後你就會認字了。既然你已經在學字母，告訴我，這地上馬匹的腳印寫著什麼呢？」

　　「可是，爸爸，那上面沒有字母啊！」

　　「皮耶，這上頭寫了什麼，你得學會看懂這種文字才行。」

　　「我什麼也沒看到……」

　　「仔細認真看，你會看出這是『小灰』的腳印。然後，你會發現牠的馬蹄鐵已經掉了三根釘子，如果放任不管，星期六就讓牠這樣走到艾格勒（L'Aigle），回程時牠的馬蹄鐵早就掉了，而且一定會受傷……懂了嗎，皮耶？有些書寫是沒有文字的，而你也必須讀懂，才能解決生活上的大小問題。」

　　在後來父親開始對我談論他的職業時，我明白他已牢牢記取了這個教訓，他已經知道如何透徹地洞悉事態，發掘隱藏在表面下的實情，以解讀沒有文字的訊息。我父親並沒有接手家族的土地。我的祖父要求後代在他死去那天，要製作十二個六公斤的麵包，

分送給窮人；至於他的母親，也就是我的祖母，被丈夫與孩子們暱稱為小丫頭。她是個身材嬌小、心思細膩、充滿靈性，又教人肅然起敬的女人。每次提到與她相關的回憶時，我總是感到很愉快。

皮耶・普瓦蘭原本夢想成為裝潢師傅，後來放棄了這個計畫，改而前往普洛埃梅（Ploërmel）的兄弟家寄宿唸書。直到一九二五年左右，他強烈渴望旅行，同時展開麵包學徒生涯，便在十七、八歲的年紀離家冒險，四處流浪了好幾年，尋求打零工的機會。有段時間在鄰近義大利的蒙頓（Menton）找到工作，每天工作長達十到十二小時，而且整個星期都不休假……一有短暫的休息空檔，就到河裡清洗從麵包店回收的空麵粉袋，然後寄回老家，因為在諾曼地，一個袋子的價格可是貴上三倍！由於我父親曾飽受永生難忘的飢餓之苦，於是在多年後，仍然常會偷偷塞圓麵包給需要的顧客。

之後皮耶繼續旅行，一直到了義大利，他比較了各地技術，累積經驗，養成良好的工作品味。最後因為生了一場病，於是回到老家治療調養，他的胳臂上還留有一道傷疤。這場病足足花了兩年才治好，父親在這段時間就玩木雕自娛，還陪地方醫生巡診，因而培育出紮實的醫療素養。

蒙頓，一九三一年。

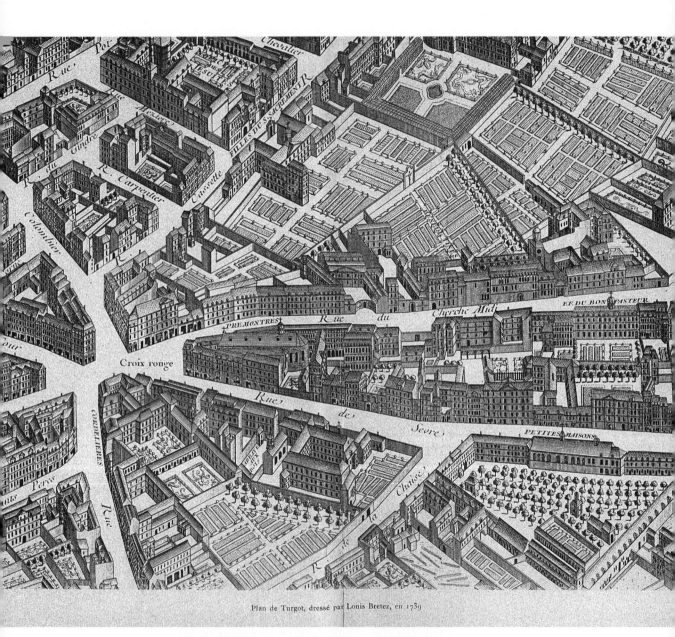

Plan de Turgot, dressé par Louis Bretez, en 1739

榭爾旭米帝地區地圖，一七三九年，杜爾哥（Turgot）為當時巴黎市長，
由保羅‧弗羅馬鳩（Paul Fromageot）繪製榭爾旭米帝街及居民。

「千萬別選榭爾旭米帝街！」

三〇年代初期，皮耶「上京」來到了巴黎，打算開一家麵包店。一開始，他先替幾家大店工作，包括知名的洛瓦佐麵包糕餅舖（boulangerie-pâtisserie Loiseau）。一九三二年，在第一任妻子去世之後，他自立門戶在第六區開業，地點位於聖哲曼德佩（Saint-Germain-des-Prés）與蒙巴納斯（Montparnasse）之間，地址是榭爾旭米帝街八號。

十五世紀時，現在的榭爾旭米帝街都還不過是一條未開發的道路，稱為「沃吉哈之路」（Chemin de Vaugirard），穿梭在耕地之間。這條交通道路的歷史非常古老，極可能上溯至羅馬時代。直到十六世紀，巴黎城要擴大規模，於是需要石材建造屋舍及石瓦遮蓋房頂，採石場就在沃吉哈平原上開挖，製瓦場則開設在通往巴黎城的道路上。根據當時的一張藍圖來看，現在麵包店的位置原先應該是一家製瓦場。在一五二七年，街名甚至叫做「古製瓦場路」（Chemin de la Vieille Tuilerie）。

如今，這一區已變成文化與藝術交流的十字路口。小山丘上點綴著風車磨坊，成為美麗的風景；塞納河中則映著內斯勒旅店（l'hôtel de Nesle）與羅浮宮的倒影，如詩如畫，為畫家、詩人與藝術家們提供源源不絕的靈感。

普瓦蘭麵包店的舊時門面。

一五五〇年左右，備受宮廷賞識的陶藝家貝爾納・帕利西（Bernard Palissy）把工作坊設在塞普克雷街（rue du Sépulcre），也就是後來的德拉貢街（rue du Dragon）。僅隔幾步之遙，瑪黑街上（rue du Marais，後來的維斯康堤街 [rue Visconti]）住著矯飾主義的（manierism）畫家尚・庫桑（Jean Cousin），與他比鄰而居的有翁杜魯耶・杜・塞梭（Androuet du Cerceau），這位趨近義大利風格的雕刻家暨建築師，他的才華榮耀了文藝復興時期。

然而，在那個時代，麵包師傅不堪巴黎當局課徵重稅，紛紛出走，改到郊區營業，但他們的足跡已被永久留存，從某些街名可以看出：如福爾街（rue du Four，four在法文中為「烤爐」）或讓德爾街（rue du Geindre，geindre為「揉麵工人」），即為後來的貴婦街（rue Madame）。

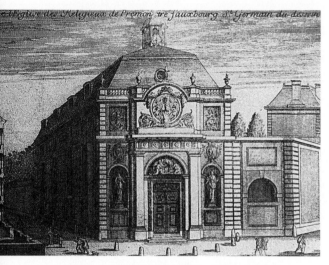

十八世紀，普雷蒙特萊修會的教堂，位於紅十字廣場（榭爾旭米帝街與其居民，保羅・弗羅馬鳩繪）。

「榭爾旭米帝」（Cherche Midi，兩字直譯分別為「尋找」、「正午」）這個詞第一次出現在正式文件中是在一五八九年。由來很可能是因為街上某家店面飾有一座日晷，上面表達出「在十四點鐘時尋找正午」（cherche midi à quatorze heures，意思是「庸人自擾、自找麻煩」。）直到十七世紀上半葉，這個區域還十分鄉下，住著許多農民。畫家勒南兄弟（Le Nain）就住在老鴿棚街（rue du Vieux-Colombier），其描繪農家生活的主要靈感正汲取於此。

一六六一年，位於榭爾旭米帝街街口的土地賣給了一個修會，那是改革後的普雷蒙特萊修會（les Prémontrés réformés）。他們在那裡建造了一座修道院和專門用來出租的樓房，地面樓層則由好幾家商店占據。一七二三年，資料顯示這裡曾有一名麵包師傅——米尼歐先生，幾乎可確定他就住在現今普瓦蘭麵包店的店址。他的顧客群中有不少畫家，其中有些來自法蘭德斯地區（Flandres，法國東北與鄰近之比荷盧區域），頗受魯本斯

（Rubens，知名的十七世紀法蘭德斯派畫家）啟發，常聚集在紅十字會路口的夏斯之屋（maison de la Châsse）。他們之中有一位名叫瓦鐸（Watteau），後來在國際上享有盛名，而有位小男孩，是福爾街一位木雕家具師的兒子，經常來此欣賞他們的作品，他是尚–巴提斯特·夏爾登（Jean-Baptiste Chardin），後來也成為著名的靜物畫家。由於夏斯之屋對這一區的日常活動扮演極重要的角色，因此曾有一陣子這條街被叫做「夏斯–米帝」街。

　　一七八九年，普雷蒙特萊的修士們因為法國大革命而遭驅逐，他們的財產被充公變賣。當時街上住著一位麵包師傅，與鎖匠為鄰，上面的樓層則住著藝術家，知名者如大衛（David），然後是安格爾（Ingres）、德拉克洛瓦（Delacroix）、柯洛（Corot）。現今我們所曉得的麵包店，則是在一八四二年開始營業。一九三二年，當皮耶·普瓦蘭進駐創業時，還是該區最小的五家麵包店之一；而現在，它是唯一僅存的一家。

　　事實上，這是一個很糟糕的地點。首先，這區的競爭非常激烈；再者，當時店的風評並不好。關心的朋友們都一再提醒皮耶：「開店做生意？趕快賣掉它。在這種地方，你永遠也搞不出什麼名堂。」啊！所謂專家們的建議！

　　好在皮耶從未聽從這些忠告，他的行事作風非常講究自由，絲毫不為所動。他堅持自己的想法，決定繼續留在這裡，用自己的方式製作麵包，而非順從客人的喜好。無論是他本人還是他的傳統麵包，始終不曾改變過……

　　一九三三年，皮耶在開店滿一年後，遇見了他未來的妻子——夏洛特（Charlotte），她出身貝利（Berry）農家，在布奇區（Buci）經營一家小小的奶製品舖。兩人的個性完全相反。皮耶總是無憂無慮，並且生性慷慨，「我的經營

榭爾旭米帝街入口，一九〇九年。

擺放麵包相關畫作的內間，榭爾旭米帝街。

管理就是取決於荷包。當我拍打大腿，發現荷包滿滿的話，那就沒問題。但要是我的錢包空了，問題可就大了！」皮耶從來不排斥分期付款；夏洛特卻老是憂心忡忡，能省則省，她這種謹慎性格承襲自貝利農家的老祖先。我的父親向來則是敞開心胸，多方發展，母親卻傾向墨守成規，對做生意不感興趣；漸漸的，我也不太清楚是什麼原因，讓母親採取了順其自然的態度。

一直到很後來，我才實地領教到諾曼地人與貝利人的差異。為了重建我們家族的族譜，我曾做了一趟尋根朝聖之旅。在諾曼地，我受到熱情款待，他們不停請我喝酒，好像暗暗希望能看我醉到得爬回去；而到了貝利，遇見的每個人都對我存有戒心，從不讓我越過門檻一步，由此可見一斑。

很快的，皮耶·普瓦蘭的麵包店在聖哲曼德佩區打響了名聲。當時，這一區還住著許多素人畫家，其中一位用我們的大圓麵包當題材做了一幅畫，並且以這幅畫償還賒帳。這消息立刻就傳開來，隨即有好幾位藝術家都很不好意思地帶畫作來店裡，希望能比照辦理，我父親始終來者不拒。我記得其中一幅粉彩畫，作者是一位鮮少人知的大師——佩佩·拉·特杭格烈特（Pépé la Tringlette），他還曾特別說：「普瓦蘭，你家圓麵包最好用的地方就是，畫完之後，就可以直接對模特兒伸出魔爪！」從那時起，我就開始蒐集以麵包為題材的畫作。儘管後來這些畫家大多受不了房租日漸高漲而搬出了聖哲曼德佩區，我仍然與他們一直保持良好關係，即便麵包並不是他們唯一的靈感來源。

第二次世界大戰爆發後，巴黎幾乎成了空城，而普瓦蘭麵包店是該區當時唯一沒關門的店家。很快的，麵粉開始短缺，隨後輪到木柴沒貨，皮耶必須不斷思考新招數，才

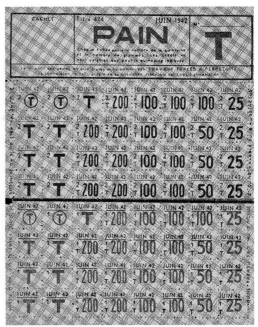

麵包配額卡，一九四二年。

有辦法提供最基本的供貨服務。其中一招讓他得以在整個占領期間維持生產無虞——他無意間得知巴黎某個城門的某座倉庫裡有大批麵粉存貨。神奇的是，好像沒有其他人知道這件事；於是父親請一向交情良好的區消防隊幫忙找到那些麵粉，並且定期運送給他，父親再送他們用這些麵粉做的麵包當成交換。這個臨時達成的協議暗中運作了好久！本來可以沒有阻礙地運作下去，只可惜德軍後來在附近的呂特堤亞旅館（hôtel Lutetia）設置總部，並且徵調普瓦蘭麵包店。父親別無他法，只好服從。雖然父親真的這麼做了，但仍一面暗渡陳倉，偷偷繼續為消防隊和老顧客提供優惠服務。

　　經過大戰五年的管制與剝奪之後，法國人貪婪地渴望麵包，特別是白麵包。為什麼呢？因為出於對黑麵包的反彈。黑麵包原來指的是所謂「替代麵包」（裡面放了許多原料，有些甚至不能吃），是黑暗年代的象徵。然而，這種趨勢並非源自大戰占領期，好幾個世代以來，白麵包就是布爾喬亞吃的麵包，而黑麵包是給窮人吃的。想要弄懂這種現象的成因，就得先知道麵粉萃取量的比例差異，小麥所萃取出的麵粉量愈多，麵粉就愈容易變成灰色，顏色也就會愈深；這是因為連同小麥外皮的部分——棕色的麩皮也被加了進去。而在資源最匱乏的時期，當然萃取出的量就比較大，因此黑麵包更是與貧困畫上等號，並且成為法國人共同記憶的一部分。

堅持的勝利

　　照理說，大戰結束、恢復和平之後，皮耶應該要開始製作白麵包，以滿足當時流行的口味。不過，先前已提過，我父親這個人有自己一套的做事方式，頗具決斷力又講求忠誠度。於是他重操舊業，製作起傳統的「家常麵包」，而麵包灰灰的顏色卻叫人想起才剛成為過去式的苦痛。在那個時代，他約莫是唯一採取這種做法的麵包師傅，選擇與

生財之道唱反調，就連同業高層他也不放在眼裡。這倒惹來了麻煩。

嚴格說來，這並不在我的記憶之內，我是巴黎解放幾個月之後才出生的，那時年紀還太小搞不清楚狀況，不過我常常聽人談起那段艱辛的時期。五〇年代初期，在一次麵包師傅與顧客們的聚會上，皮耶

少年里歐奈，在麵包鏟進烤爐之前先灑上麵粉。

遭受猛烈抨擊：「都已經恢復和平了，為什麼還這麼頑固，非要製作灰麵包不可？」他們指責他的這種行為是業界醜聞。那時候甚至有一位戰後重建部的顧問——堤華內教授（Tiroine），他的父親正巧也是麵包師傅，決定要提報法案，禁止製作麩皮黑麵包！

無論這到底算不算是醜聞，也不管法案究竟會不會過關，皮耶依然意志堅定。我十分佩服父親的冷靜與從容。在我十歲左右，他曾帶我去參加一個以食物為主題的研討會，地點在瓦格蘭姆廳（salle Wagram）。當他以麵包師傅的身分被質詢麵包品質為何下降時，他發表聲明：「我不是那種會去點無咖啡因的咖啡來喝，然後再去藥房買興奮劑的人！」他暗喻的正是小麥麩皮，因為在那麼一點點的重量裡，其實蘊藏著豐富的維生素，卻不萃取在白麵包用的麵粉中，反而另外拿來視為健康聖品販售，價格還大幅提高。

他所要堅持守護的信念，就是製作麵包應該要儘量單純。此外，對於那些以利潤回收、美觀或其他技術理由為藉口，而犧牲產品原先自然特質的學徒和師傅們，父親也提出警告。當天會場上的反應，我仍記得很清楚，與會人士來自各種不同領域，彼此背景相異，因為受法國正規食品研究協會的號召而齊聚一堂。對於父親這天的發言，大家都抱持極為贊同的態度。像農業研究院的凱林教授（Keilling）就當場附和：「我們剛剛重獲自由，」他大喊，「當然也包括製作麵包和吃麵包的自由，管它是白的灰的還黑的！」這次會議讓我留下深刻的印象，日後也影響我很深。

往後日漸累積的經驗更鞏固了我那天所學到的觀念。正確的選擇要在尊敬傳統（這需要長年智慧）和維持單純之間拿捏好分寸。例如我最後選擇的八十號「過篩」麵粉（過篩指的是將小麥中白色與棕色部分分開的篩濾動作），既可製作出符合我心目中美味的理想麵包，飽足感也能達到我所希求的程度。

在父親於瓦格蘭廳會議上捍衛自己的想法後不久，當個麵包職人就變成我的志願。當時我才剛滿十歲。每次有家族聚餐時，必然有人提出這個問題，「那小里歐奈呢？他長大之後要做什麼？」而我也早就習慣了，我總會感覺到父親的目光不動聲色地凝重起來，然後我便聽到自己回答：「我要當麵包師傅！」即使父親從未與我直接觸及這個話題，但我若給出別的答案，他會有什麼反應，我可是連想都不敢想。

事實上，我還偷偷對飛機和所有能飛的事物懷抱著一股熱情，但以家裡當時的環境，講出來是沒有用的。不過我自己覺得，這份熱忱和未來當麵包師傅並不相左。現在再回頭去看，我領悟到當時自己年幼的心理並不成熟，卻也親自驗證：童年的夢想是可以被實現的。如今，我是個麵包師傅，而有一部分的休閒消遣就是開飛機。

在學校裡，我很少談到父親的職業，更絕口不提自己的雄心壯志。對抱持成見的學校教師而言，想從事手工業的孩子基本上已算是沒救了。我從不認同這種階級化的價值觀。就連那些負責提升手工業價值的長官們，我也不認同。他們對手工業勞工的照料有著錯誤認知，好比高高在上的曼特儂夫人（Madame de Maintenon）與她那些窮貴族女孩相隔甚遠一般（曼特儂夫人是路易十四的情婦，曾創辦聖路易皇室之家，教育貧窮的貴族少女）。其中最兇的一位老師，常想也沒想就十足不屑地對我說，「普瓦蘭，再這麼下去，您只能去當麵包師傅了！」偶爾他還會補上一句：「還是藉著老爸的烤爐火光讀書呢！」有好幾次，我感到萬分屈辱，啜泣著離開教室。幸好，有另一位老師讓我恢復自信，他的名字是馬吉耶（Mazier），奧維涅人（Auvergne），我唯有對他能自在談論起父親的職業，有時候還會帶我們家的麵包給他，他總對我說，「你們家的麵包讓我想起家鄉的圖爾特圓麵包（la tourte），多令人高興！」有一天，他在課堂上發學生的大頭照，並且加上評語，輪到我的時候，老師說，「普瓦蘭……（沉默）……前途無量。」全班聽了哄堂大笑，我也是。但我永生難忘。

在那不久之後，我有了麵包師傅的初體驗。先前父親已經允許我帶同學到工作坊參觀。這一次，他同意讓我們動手做一個麵包。我的第一個麵包並不大，還有點變形，但在我眼裡看來，卻比所有其他麵包都漂亮，讓我感到無比快樂，因為是我親手做的！

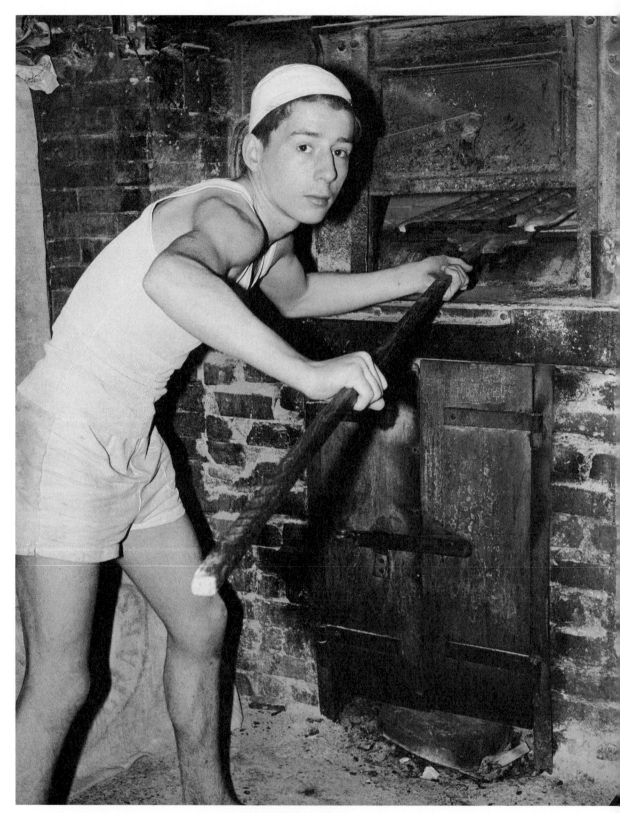

十五歲的里歐奈·普瓦蘭。

我簡直為之深深著迷。這是不是喚醒了埋藏在每個人心底的、某種遙遠的記憶？此刻，我能再次回味那份深刻的感動，也想起了一句諺語：「給他魚吃還不如教他釣魚。」

父親當時藉這個機會提醒我，任何東西都不該被丟棄，甚至連黏在手上的一點點乾麵團屑都要珍惜。那時的我雖然不至於覺得過分，但認為也太小氣了吧！直到後來，我才明白這個觀念有多麼重要。最後值得一提的是，我發現，某些同學在製作麵包時也十分興奮，但我所得到的樂趣卻還有另一種──我很自豪自己是麵包師傅之子。

在我現在的朋友之中，有好幾位都不知道他們父母所從事的行業究竟在做什麼！我實在不能接受這點⋯⋯的確，這世界上有那麼多抽象的抬頭與職稱，諸如經理人、法定代理人、〇〇專員等。而我呢？我確實曉得父親的職業涵義，以及他努力的方向，而且，光憑直覺就能了解他的事業腳步和店裡的生活，這一切都自有其運作和成果。我覺得非常驕傲和值得。

後來，我有機會看到一份應企業研究所要求而做的統計數字，內容是關於優秀學員的社會背景調查，數據顯示出身工匠家庭或小生意人家的成績最好。而在這個族群中，麵包師傅的子女又特別名列前茅。藉此機會，我於是針對這個主題檢視了自己所認識的麵包師傅子女們，如路易森‧波貝（Louison Bobet，專業自行車手）、貝爾納‧克拉維（Bernard Clavel，作家）等人。服裝設計師安德烈‧柯瑞奇（André Courrèges）就對我說過：「我相信所有曾在這個環境下生活的人都知道，那是多麼辛苦且能真正磨練人⋯⋯」另一位設計師路易‧費侯（Louis Féraud）的父親則是亞耳（Arles）的麵包師傅，他說：「這個做麵包的男人，不用說話就能教給我生活最重要的真諦。」還有小說家荷內‧巴赫札維勒（René Barjavel）也說：「我就像父親親手做的麵包一樣被烤熟了，他以無比細微的用心揉捏我，而我來自他的烤爐。」這句話使用了麵包與製作過程的關係比喻，將稍後再討論。

麵包坊學徒

一九五九年夏天，氣候溫和，我主動向父親提議要到麵包店幫忙。當時我剛滿十四歲，正處於有點特殊又有點尷尬的青少年時期。父親其實都尚未要我決定任何事，也沒真的替我做什麼打算，但卻一直給我一種說不出來的壓力，好像是：「我在等你做決定，但我希望由你自己來決定。」等我向父親告白自己想跟他一起工作之後，才突然感

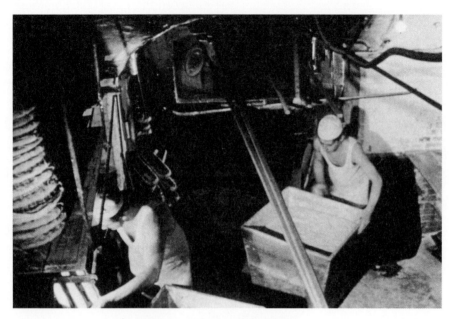

麵包坊內，里歐奈・普瓦蘭與麵團盆。

覺到，自己已徹底脫離了孩童的世界，即將過起另一種生活，而我也將因此為之轉變。

我於是變成一名學徒。但嚴格說來，我並不與父親「一起」工作，因為若由他親自來教，會對我的人生造成太沉重的壓力，讓我無法忍受。不過我的工作時間仍然與他如出一轍，同樣每天從早上六點半一直工作到傍晚六點或七點，只有午餐時間能休息一會兒。負責帶我的工作夥計叫賈克，關於這一行的入門事情都是他教我的。二十世紀初時，他曾在好幾艘船上製作麵包。我很喜歡他的這份歷險背景，那時我剛好覺得麵包師傅的想法往往很狹隘，而他的經歷則與這一行普遍的思維大相逕庭。

在前三年的學徒生涯中，賈克實際演練教我接觸這門行業。我先從旁觀察他，再模仿他。在工作坊內，他的肢體動作幾乎已達到舞蹈的境界，穿著短褲草鞋，日復一日，分秒不差地，完成一連串該做的動作，絲毫不浪費多餘的力氣。我從未在其他夥計身上看到這樣了不起的職業水準。賈克總是兩三步就準備好木柴，放在烤爐前烘乾；拿起刷子，兩三下洗淨磅秤和麵團切刀；再跑去擦擦前額的汗水，毛巾早就放在麵粉沾不到的位置；接著繼續清掃、整理烤爐門面。賈克的身姿宛如一名舞者，非常優雅細膩，連最細微的地方也保持乾乾淨淨。

他每一天都像這樣優雅地在挑戰我們這個行業，證明當一個麵包師傅不一定就要被麵粉弄得灰頭土臉，我非常喜歡他這個態度。

跟賈克在一起，我學到許多。比方說，當一邊工作一邊說話想解釋什麼的時候，一

般人很容易就把手邊的事停下來，甚至應該說本來就當如此吧！然而，懂得如何邊下指令，甚或嘴裡談天說地，手中的工作卻不會停歇，這就必須經過學習。這種看似不起眼的小訓練都會對生產力產生影響。我也向賈克學會了如何清掃和整理，雖然同樣是件微乎其微的小事，卻必須要非常用心完成。從一名麵包師學徒整理工作坊的方式，就能立即看出他細心與乾淨的程度。這是我經常使用的測試絕招。

同時，我也發現到這一行較無趣的一面：一個學徒可以連續幾個晚上都只做替烤模刮除殘渣這一件事……有一次，我一口氣刮了幾十個，因為上面開始沾黏，而每進烤爐一次，就沾黏得更嚴重。這代表烤模在新買來時沒做好準備工作──若要模子不沾黏，應該先用奶油抹過，然後用小火烤過空盤幾次。

再來是劈柴，要分切成適合放入烤爐的大小，並且要先堆放在爐灶附近烘乾，儲存備用（未雨綢繆）……這一切都是家常便飯，插進肉裡的木刺也是。有一天，我為了把木刺從掌心拔出來而多花了一點時間。賈克凶巴巴地，有點嚴峻地對我說：「木刺等到星期天再拔就好了。」我始終不知道他在開玩笑還是認真的！

手的重要性

經過了好幾個月的學習，我才終於有把握開始揉麵。要成功烤好一爐麵包，有許多不可或缺的要素，而且都相當不同和多變，由於各項特質實在非常多元，讓我很快就有一種感覺──根本不可能建立任何固定的規則。一直以來，我都抱持著相同的想法，在

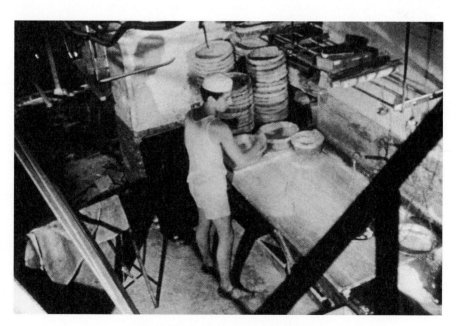

里歐奈·普瓦蘭，面對工作檯（麵包師傅用）。

這過程中上場的角色有：麵粉的溫度、戶外與室內的溫度、老麵發酵的力道、老麵的大小和溫度，以及麵粉的本質等，而每一批貨所呈現出來的質感又會不一樣，若是用當年新收成的小麥磨製，麵粉到貨時就必須加快工作腳步，此外也還要考量環境條件，如天氣和溼度等。

簡而言之，所有要素組合起來都會構成不同影響。在眾多為了想達到穩定性而研發出的機器之中，最優秀的其實是人，加上他的專業、用心，以及實作經驗。而且因為四季氣候有不同變化，製作麵包時也要因應相當多的轉變，所以必須是已工作多年的麵包師傅，才能了解。

麵團揉過之後要先擱置醒麵。醒麵時需要用布把麵團包裹起來，避免受風吹，因為氣流會在麵團表面上形成一層乾皮，而這是做麵包時所不希望發生的狀況；還要把這塊麵團儘量放在烤爐附近，以求找到能獲得最好成果的溫度。這一切都非常重要，並不是靠溼度計或溫度計來操作這些步驟，而需要在實作時當機立斷，也就是憑經驗指引。

接下來是秤重，先醒麵等麵團膨脹了約三分之一後，觸摸起來會比較柔軟豐腴，然後過秤，利用切麵刀切出麵塊，切出多少就會製作出多少麵包。小麵塊要先放在已輕灑過一層麵粉的木製工作檯上（切忌隨便亂放），這是最後一道手續。達人的絕活是可以一下子就掂抓出一塊二點二公斤的麵塊，而不是兩公斤，這種技藝並非一蹴可幾，需要時間磨練。很快地，每次切取麵塊時，我已經不再需要於磅秤上做添補或刪減的動作。我總是小心翼翼放好麵塊，方便接下來的塑形。賈克已告誡過我：「麵塊切取得好，塑形就成功了一半。」的確，麵團帶有方向，類似一種線路，有點像木柴，一定要遵循其紋理，才能做出好的形狀，無論圓的長的都一樣。只要用心觀察多了，就能立即察覺出切取麵團的方法，而負責塑形的人會進而掌握麵團的狀態與成品的模樣。我從來沒看過有哪兩位麵包師傅用完全相同的方式來進行這項工作。

在賈克的監督之下，我嘗試操作過各種把手可伸縮的長麵包鏟，那又是另一項微妙且棘手的技藝。但如果想把麵包放入烤爐中，非得用上這種鏟子不可，這並沒有什麼魔法，一定得學會。目標是盡可能的把烤爐填滿，同時麵包之間要零「親吻」（這個術語指的是鄰近兩塊麵包在烘烤時意外黏在一起）。我不會先放話坦承自己「親到了」，而是在事後將圓麵包上架時，故意擺成看不出「吻痕」的樣子，只不過從來都沒有人上過當……

漸漸的，我的手臂也開始能靈巧地揉麵了。廚娘們都知道，麵團一開始很容易黏得滿手都是，但在習慣了之後，就幾乎不會再沾手。

電動揉麵器所配的那容量三百公升的大鋼盆並不適合製作少量麵包。因此，有少量

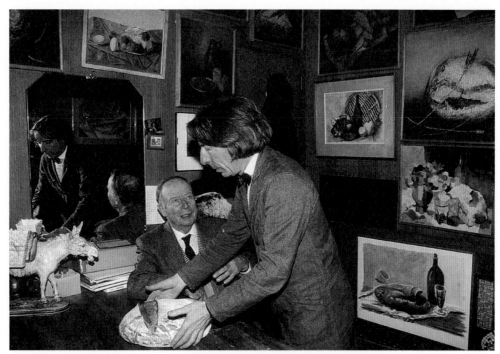

一九八三年，皮耶與里歐奈‧普瓦蘭在榭爾旭米帝街店舖的內間。

的特別需求時（十五到三十個麵包左右），我總是用手來揉麵，左手拿著一個鍍錫的小金屬盆，靠在肚子上，讓右手空出來。加一小撮鹽，然後加點水把鹽溶化，再加上一小塊上一爐麵包用的麵團，以及足夠的麵粉。整個過程中都不需要秤量，跟真正的大廚一樣，麵包師傅也應該對自己的準頭有信心。

　　儘管對一個像我這樣沒什麼肌肉的學徒來說，揉麵的工作似乎也不會太吃力；然而，在一九六〇到六五年間，我總是很擔心電力會突然中斷，那我就會被迫要用手臂在大麵盆裡揉出一爐整整兩百公斤的麵團，那可要耗費好大的體力，簡直就是酷刑。所以，若我要當上個世紀的那種徒臂揉麵工，可能還不夠格。為了預防最糟的情況發生，我不僅事先設想過，並且製造了一支操控桿（但這項發明的效果存疑），固定在揉麵槽的軸心上，因為徒臂揉麵的麵包師傅已對濕麵團的重力運動有相當透澈的研究及了解，所以大部分的攪拌苦力即可由這支操控桿自行完成，不過，麵團仍然還需要再用手臂去揉，這部分的工作依然非常辛苦，至今回想起來仍感到疲累疼痛。

　　到了下午，我往往已經精疲力盡，偶爾會到儲藏麵粉的房間，倒在麵粉袋上躺一下稍做休息。那裡相對安靜多了，卻有個極大的壞處——醒來後全身沾滿粉塵，不梳洗乾淨不行。我還記得有一位比利時師傅，他會在小帆布袋裡填滿一捆捆的蕎麥，充當枕頭，他的評價是睡起來很舒服，而我也這麼覺得。

皮耶・普瓦蘭，一九六〇年代。

　　麵粉儲藏室裡並沒有窗戶，存放了許多一百公斤裝的麵粉袋，地板上則有一個洞，可以將麵粉直接倒入樓下的揉麵槽內。但我這個人向來對需要耗費巨大勞力的工作不感興趣……我還記得，有些年輕的麵包師傅之所以聲名遠播是因為力氣大可扛重物，我還見過有人不但扛得起兩百公斤，還能走上幾步路。

　　父親似乎頗滿意我的學習成果。我說「似乎」，是因為他從未對我說過一句讚美的話，但這也是他的性格本來就如此。每天早上，他都會過來跟我打聲招呼。至今，我彷彿都還能清楚地看見他站在通往工作坊的樓梯，身體倚在扶手上，他只是過來看看，不是來監視的；我的雙手正浸在揉麵槽裡，他會對我微微一笑，而我絕不會回應。因為我覺得自己是個大人了，正在工作，不能隨便分心；我是一名專業的麵包工人，就跟其他所有夥計一樣。

　　然而，我對於日復一日的一成不變其實很感冒。於是很快的，我決定該換換口味，讓腦袋朝別的方向發展。在當學徒的三年中，我也學到了如何取巧，儘管這實際上對我一點用處也沒有。但我同時也著手進行研究關於麵包的歷史，甚或考古──考據我們麵包店所在之榭爾旭米帝街上的其他房舍。為此，我探訪了許多圖書館，還編寫了一本小書，可說是不計代價想超越已失去聯繫的老同學，他們大多成為大學生了，與我不再有來往，因為我需要的是別種東西。總之我成功地一直保持著對萬事萬物皆好奇的態度。

　　不過並不是所有的夥計和我一樣。我曾仔細觀察，發現他們平均來說可分為兩

大截然不同的類型。我稱第一類為「王公貴族」，像是負責為店裡清理煙囪和鍋爐管道的工人即屬此類。他們一年固定來兩次，完成並不特別高貴的工作，卻總流露出一股尊嚴，那種掌握大權的氣勢讓我印象深刻。再者，與他們談話之後，我又發現他們的想法非常開放。儘管他們的專業功能堪稱相當短暫且單純，完成工作的態度卻十分認真嚴肅，我對這兩者之間的落差十分著迷，由衷感到非常欽佩。

至於修理烤爐的工人，所留給我的印象則是完全相反。他們與上述管路工人很不一樣，總是默默認命承受……我有一種感覺，他們與工作之間什麼連結也沒有，像是一種毫不在乎的冷漠。此外，我始終很疑惑，為何一個人可以同時擁有完美的經歷背景，而在智識上的表現卻又如此乏善可陳。

在每一位麵包師傅的生涯中，都有一個值得紀念的時刻——也就是他的第一爐麵包，從頭到尾自己一手包辦的第一爐。說也奇怪，我對這一刻只保存了模糊的記憶，可能因為各項操作我早已分別重複了那麼多次，所以當把它們串聯在一起得到結果時，反而沒有在我腦海中留下深刻的印象。

同樣的，我也無法確切記得從哪時候起，我不再時時害怕會被燙傷。我曾學會如何光用一只麻布袋保護雙手，就能直接抓住烤盤拿出烤爐，也學過將烤好的麵包用木製麵包鏟鏟出來，然後徒手拿起放入籐籃中——這是最適合麵包的理想容器。我的雙手已經習慣了麵包剛出爐時表面的高溫，手掌上形成了一層粗硬且不太敏感的皮。說實在的，我們得練成馬戲團特技演員般的身手呢！

我的速度也漸有改進，愈來愈快——這是吃這行飯必備的一項重要條件。我很快就了解到，速度愈快的

歌唱本，法利亞繪（Faria），十九世紀末。

夥計愈優秀！「快就是好」真是句金玉良言。賈克的身手就特別敏捷，而這份完美俐落，無疑地與他對守時與整潔的重視相得益彰；我對他這方面的印象最深刻也最為佩服！

給零售商的小海報，上面標示普瓦蘭麵包的訴求：
「老麵發酵、木柴烘烤、石磨麵粉」。

在當學徒的這段過程中，我也曾經考慮過其他選擇。對我來說，每種行業都像一把可以開啟好幾扇門的鑰匙，而麵包師傅這行在我眼中幾乎像是一把萬能鑰匙。當時所學過的東西可以應用在不少領域中，我也對某個前輩的話有了深一層的了解，他說：「沒當過學徒的人只是個大孩子。」

原本我並不排斥當兵，我把它當成一個暫時中斷的機會，可以接觸許多不同的人事物，發現新的價值觀，我以為會對世界有新的感受，不過卻徹底失望了！若說小學教育帶給我歡樂、朋友，以及不時的開懷大笑；軍隊則讓我心灰意冷，唯一的好處是，體力在當兵期間得到休養，讓我能靜下心來思考自己的職業哲學，並且更堅定我的信念。

我常想起一則美國人的座右銘：「一個人要每十年換一次工作，才能真正領略到職業的樂趣。」我的想法則恰恰相反，但或許也是因為我沒別的路可選。由於家庭環境的緣故，我老早就和我的職業訂下終身，而且不可能離婚。我曾暗自下定決心，要逃到我的職業裡面去，盡可能深入它，夠深入之後，就能舉一反三，找到其他行業的奧秘——所有我本來想做的行業。到現在我仍相信這個秘方，一旦愈深入自己的行業，它就會顯得愈遼闊！麵包的豐富實在難能可貴，可思考的範疇囊括政治學、民族學、生物學、歷史、藝術和美食等形形色色的學問。

經過黑暗期的一番深思熟慮後，我又變得「陽光」開朗。我喜歡這種感覺，也開始以一種較商業化的眼光來看待家傳的麵包店，並且隱約看出一些可以創新開發的可能

性。首先,已有好幾家強調只販售天然產品的商店來向我們採買,另外也有十幾位外部客戶需要我們送貨(我總是很努力在安排送貨)。一九六〇年,法國麵包業界顯示出兩種趨勢:

1. 公會現代化
2. 對於製作麵包的方法,愈來愈講求迅速。

在比較分析過來源不一的官方資料(社經顧問團和參議會的報告等)之後,我們做出以下這份表格,可看出麵包的消費量在緩慢但持續地降低,一直得等到千禧年,降低速度才平穩下來,其中有部分還是多虧了青少年和趕時間的人所仰賴的三明治和速食。

法國百年來每人每日的麵包消費趨勢(單位:公克)

1900	900g/日	1960	275g/日	1990	175g/日
1920	630g/日	1970	200g/日	1995	150g/日
1950	320g/日	1980	170g/日	2000	153g/日
1954	300g/日	1985	175g/日	2002	160g/日

在六〇年代,貧困與物資不足的感受仍存留在大家的記憶中,所以人人都吃很多

捏塑一個米契大圓麵包。

榭爾旭米帝街，尚・呂克（Jean-Luc）在麵包坊工作。

麵包，食品工業不似今日這般多元——還差得遠了。那時候大家都吃很多麵包，但遠比再早些的年代少得多；在二次大戰爆發之前的法國，平均每日的麵包消費量是四百公克，花費占一位工人日薪三十法郎的六分之一。再久遠一些，一九〇〇年時，人們一天吃上九百公克的麵包，花費相當於一日工資的四分之一。比較之後，我做出了結論：在一九八〇年，平均每日麵包的消費量（約一百七十公克），只占每日平均薪資的百分之零點一。

很奇怪的是，普瓦蘭保存了古早設施，製作方法也一直完全沒變，如此跟主流唱反調，卻反而能維持生產，甚至還稍微擴張了些。這個弔詭的現象讓麵包界的「專家」們不知所措，個個跌破眼鏡！

專家們總是探討得很困惑，我卻對原因清楚得很。儘管我深深著迷於科技的發展進步，把噴射機、電腦或各種微處理器視為我們這個時代的聖殿，我卻一直相信，說到做麵包，沒有任何東西能取代人類幾千幾百年所累積琢磨出的動作。在麵包業界，除了機械揉麵器之外，每一次引進工作坊裡的最新機器或馬達，所謂的科技進步都僅侷限於操作感、效率，甚至是美觀等層面，與實際品質從來都毫不相干！我很明白「進步」這個詞其實隱含著矛盾，所以當麵包業者在討論科技如何進步的議題時，我總持保留態度。曾有一陣子，我也採用過機器來捏塑小麵包，確實能省下不少時間，但麵團卻會因為機器的撞擊而受損。麵團這種材料需要小心呵護，就連空氣溫度相差零點零一度都能改變其發展，改用機器會讓麵團反應的方式變得完全不一樣。有一天，機器突然故障，之後我就再也不使用了！

當然，頌揚神奇的雙手看似很容易，但是任何機器，即使完美敏銳到難以想像的地步，也無法「感受」到麵團，也就不能在揉麵的同時體會到麵筋的優缺點。我每次在用手工做麵包時，總有一種難以解釋的感覺，彷彿自身某個部分也融入其中。

有位外科醫師朋友曾告訴我，為了驅動手部運動，大腦所運用的部位足以同時驅動身體所有的其他肢體！在麵包坊這樣繁忙的工作場所，光看表面是看不出所以然的，因為我所採用的是最精密的器材、最複雜的機械，而且最齊全完備——人工。我也注意到，在參訪過法國各地與其他各國的麵包坊之後，有一個現象始終不變：設備愈是先進自動化，麵包師傅的手藝就愈不好。

我很快地了解到，也許是下意識的，顧客其實能很敏銳地察覺出真正純手工製造的產品，甚至對於其背後的製造者也很清楚。有個小故事能證明：法國有一位麵包師傅擁

有一間小工廠，專門提供貨品給一些冷麵包店（因為那些店已不再自己做麵包了），換句話說，就像是麵包轉售站。當這位麵包商發現顧客開始漸漸不太願意購買時，便在每家轉售站的後門設置了不起眼的出入口，偷偷送貨進去，營造出麵包是當場製造的假象……但生意只好轉了一下子。

夜間工作如同暗光鳥

對於當初還是學徒的我而言，有一個時刻遠比我的第一爐麵包影響還重大——賈克病倒了。於是之後晚間的工作都歸我負責，當時我認為自己責無旁貸，確實應該要去體驗這個職業最辛苦的部分；然而，身為店裡的小開，我一直到那個時刻，都還認為自己理應享有白天工作的特權。

雖然後來我的想法改變了，夜間工作也自有其優點，許多麵包師傅都選擇上夜班。但在當時我年紀還小，尚不了解箇中好處，一旦明白後，突然間，我的生活像是有了重大轉折；那段人生的光景彷彿仍歷歷在目。

鬧鐘響起，把我從前一天傍晚開始的睡眠中吵醒，時間是凌晨一點。我摸黑關掉鬧鈴，立即起身。那真是件苦差事。我不想點燈，為的是讓眼睛再多休息些；此外所有的動作都要安靜無聲，倘若因為自己有事要做就吵醒其他人，是非常沒禮貌的行為。好在我的技術一流，總是很快就能把自己打點完畢。

還記得那是冬天，大街上的天氣很冷。每天早上離開我們家的時候，我總謹記著父親的教誨：「在從溫暖的地方走進寒冷之前（這對麵包師傅來說是家常便飯），要盡可能屏氣先不要呼吸，愈久愈好！」一旦心跳加速，血液循環也會跟著加速，這則庭訓確實好用，能讓身體暖和起來。於是我會一面暫時停止呼吸，一面騎上單車，出發，穿越空無一人的街道，沿著路線，經過一站又一站的地標，直到麵包店。一路上內心想著，在這個時刻總點著燈的那扇窗今天是否也亮著？那家咖啡店還沒關門嗎？跟所有上夜班的人一樣，對於這些提醒生活節奏的小細節，我也特別敏感。毫無疑問，它們在我心中的地位太過重要。曾與我有過相同處境的人必然能了解吧！

榭爾旭米帝街，凌晨一點半。我到了店門口。街道上一片寂靜，我們的店也是。店員還沒來，櫥窗的展示架上還沒擺上麵包，空蕩蕩的場景。然而，只要稍稍仔細聆聽一下，地下室正傳出熟悉的聲響。我的工作夥伴已經到了，走道間也已有暖氣。我把隨身物品放進櫥櫃，然後換上短褲汗衫，穿上草鞋，走到通往工作坊的樓梯口，每一格階梯我都無比熟悉。這段樓梯非常陡，我上上下下走了不下數千次，搬運過幾百噸的麵包。

發麵盆特寫——麵包師傅將麵團放進爐中，同時下一爐要用的麵團正在膨脹。

這道樓梯的末端通往一個年代古老的房間，是從中古世紀留下來的，圓拱型的天花板儘管壓得讓人難受，但那裡始終暖呼呼地，倒是很舒服，尤其對於剛穿越巴黎寒冷街道的人來說，一點也不會太熱。這股暖空氣中瀰漫著麵團的氣味、烘烤的香味，還有，微微的發酵味。我只會聞到一點點，因為實在已經是太習慣了。那兒的空氣乾燥，飄著柴火的氣息，各個空間大小平均，看上去是有點狹小，但對像我們這兩個要在工作檯上做麵包的人來說，其實十分理想。

我和夥伴彼此簡單打個招呼，不多客套。在這種時辰，身體還有點僵硬，動作要儘量精省，不多做無謂的舉動，才不會浪費體力。夥伴的頭髮已經被麵粉沾白，不久後我的也會和他一樣。我們只需要短短幾句話就能將工作分配好：他告訴我他覺得烤爐的溫度大概是多少、提醒我麵粉的溫度約是多少、他負責核桃葡萄乾小麵包和吐司麵包，而我呢，就看好正在烘焙的第一爐麵包。這樣就說完了，工作坊再度變得像教堂一樣安靜。

麵包工作坊：封閉的世界，規律得叫人成天做夢

我聽見了摩托車的聲音。自從開始上晚班，這輛摩托車總會在同一個時間經過，除了星期六之外，我想。我喜歡聽見這輛車的引擎聲，這聲音如同控管了一個沒有任何事

榭爾旭米帝店，樓梯往下，通往麵包工作坊。

物可以參考的宇宙，當我的思緒像是飄散重疊在雲霧中，我需要可以參考的東西。

奇怪的是，有一天，這輛替我報時了好幾個月的摩托車，突然就不再經過了。引擎聲從此不再出現，引發我在工作時許許多多的胡思亂想：那位陌生人搬家了嗎？難道他出車禍了？換工作？買新轎車了？夜間生活似乎會造成一種奇怪的心理狀態，有點讓人容易做白日夢。我還記得，那陣子曾經連續好幾個小時都在掛心這件小事。

以往引擎聲出現後再過一會兒，我就會聽到送牛奶的人來了，接著是送麵粉的；再來，每星期掃街一次的清潔隊員還算準時，最後女店員們會在早上七點左右進店。

工作坊裡的工具都很簡樸，甚至能當古董了，每一樣我都如數家珍。在凌晨三點鐘的這個時辰，我幾乎可以閉著眼睛工作。在這樣一個圓拱型的空間，有厚實的牆壁，以及通往再下一層樓的出入門，一切都叫人想做夢發呆……

工作坊左側的整面牆邊堆滿了木柴。一旁的展示檯上不久後就會擺滿剛出爐的小麵包、派塔，以及各種小零嘴。對面有一張頗大的桌子，那是工作桌，桌子另一端有一只小木桶，連接著一條帆布管，那是「麵粉機」，一直接到天花板上，因為麵粉袋都儲藏在上面，只要拉開門，麵粉就會藉著重力直接落入這架機器裡。這張桌子的右邊，靠近角落的一個水龍頭旁，則是宛如王者豎立一般的揉麵槽，那是一個巨大的鋁槽，頂端露出一支雙臂鉗，在緩慢地轉動。

天花板上懸掛著一個黑鐵柵，用來擺放各種麵包鏟，大的小的、長的窄的都有。在這些鏟子的下方，正是整個工作坊的主角：烤爐，就像是教堂裡最重要的祭壇，吸引所有目光與注意力——順道一提，在麵包業界，烤爐的正面也稱作「祭壇」。

在這個時候，烤爐的黑色鐵鑄門還是關著的。爐子在前一天使用過後，會一直加溫到傍晚。現在還是溫熱的。等準備工作告一段落後，我們就會再把火點燃。

烤爐左方的角落裡堆放著許多小籐籃，形狀是圓的；還有空的籐編麵包模（或柳條編的發酵籃），用來放麵團等待發酵。

麵包師傅的首要任務是了解訂單內容。早上七點鐘時，所有的麵包都應該已經烤好，放在店裡展示。訂單的內容通常可以事先預期，因為店裡的活動尖峰時間都很固定，師傅本身也是習性規律的人。一般而言，訂單內容與當週行事有關（例如節日前夕或渡假出發日），但天氣的影響也很大，是最準的銷售量指標：天氣冷的時候麵包賣得最好；不過下雨或大熱天時大家就不怎麼吃麵包。櫃檯店員也會把每天的天氣變化記錄下來，為銷售預估提供可信的參考依據。

今天呢？簡單過目一眼，訂單的內容就已經記在腦子裡：三個花飾麵包、六十個巧克力餡小麵包、兩百五十個可頌、七十個葡萄乾長磚麵包、五百個葡萄乾小麵包、三爐小麥麵包，以及一爐黑麥麵包……

麵團在籐籃裡發酵。

麵種的品質決定麵包的品質

麵包師傅接下來要做的第二個動作是——去揉麵槽看麵種的狀況。做好這道確認手續後，代表在移交給早班師傅時，麵團理應達到適用狀態。這點十分重要，而且常是紛爭的來源，因為每一位麵包師傅工作時都有自己特別的手法，而麵種的狀態，確切的說

應該是麵種的交接，執行起來總會出現以下這類的爭議：「你的麵種還不夠發」或「你的麵種根本動也沒動」，又或者：「你的麵種早就壞了（發酵過頭）。」

前一天所留下的麵種發酵品質決定了當晚要製作的麵包品質；此外，發酵的狀況也左右了師傅將採用何種製作方法。

凌晨兩點，我開始晚班工作時，會先到工作坊旁邊的小房間去準備柴火。烤爐每天需要體積一點五立方公尺的木柴。雖然我們的貨源有好幾個，在應用上尚能保有彈性空間，但柴火充裕與否始終仍然是個問題。在當學徒初期，燃料不夠的時候，我曾必須花上好幾個小時去撿剩木柴。

等柴火準備好之後，我就又回到工作坊去揉麵。麵團散發著香氣，觸感如肉一般柔軟，麵種正放在木槽裡休息。這塊麵種是上一班工作人員所留下來的；依照行話說法，這組人馬留下了一個「主腦」。對我們麵包業者而言，麵種是「母親」、「支柱」。對於這塊「支柱」，我又加上二十公斤的麵粉，並且澆入十公升的水。依據麵種的大小不

榭爾旭米帝街，早班人員在店面後方共進早餐。

從烤爐拿出一個米契大圓麵包。

同，引發麵種發酵的速度也有快有慢。若要取得最佳的菌種散播效果，麵種應該要浮到水面上，假如麵種沉在水下，那就是代表發酵得不夠。在揉麵之後，我會留下一塊麵團，用來製作下次要使用的麵種。

經過一道又一道的程序，麵種這塊尚未成型的麵團終將變成麵包，整個過程需要六到八小時。

到了凌晨三點，身體突然一陣沒力。這是個關鍵時刻，對上夜班的工人來說，凌晨三點鐘好比山之巔，海之涯，一定要跨越過去。根據專家的說法，那是最辛苦的時辰，各種測試都顯示，在這個時候，人的行動最緩慢，說話的字彙也退化最多。

四點鐘則是該揉麵準備送進烤爐的時候了。這道手續非得要有經驗的人來做不可，因為需要以直覺來判斷。揉麵的時間約為六到七分鐘。等揉麵槽停止運轉之後，最辛苦的工作就來了：把麵團移到工作檯上。所有的麵團都要從揉麵槽裡倒出來（先清出空間，才能準備下一爐所需的麵種），我將揉麵槽的麵團切分成每塊十到十五公斤不等，移到一個木製的小麵團槽裡。一爐所需的一百五十公斤麵團在四、五分鐘內就要移除完畢，在這個階段，速度非常重要。麵團將在小麵槽裡休息一個半到兩個小時。

麵包進爐，手腳要盡可能俐落迅速

　　四點半，我的夥伴從烤爐中鏟出小麵包和葡萄乾麵包，而葡萄乾長磚麵包需要烘烤得久一點，再等一會兒才會把它們拿出來。在烤爐前，一切動作都必須謹慎小心，因為麵包的溫度很高，用手去拿必然會像表演雜耍般拋來拋去。有個小秘訣能讓你彷彿戴上了隱形隔熱手套：手掌上留下一層乾掉的麵團別剝掉。

　　接著有五分鐘來打掃工作坊，再另外五分鐘則可以喘口氣，說上幾句話，聊聊手上的工作，或是收音機播報的新聞內容。我們很少談論自己的私事，麵包師傅多半沉默寡言，可能夜間工作對大家的性格影響很大。典型的麵包師傅形象是：雙眼布滿血絲、面色蒼白、表情有點瘋癲……這其實頗有根據，不是開玩笑。我曾在心裡打賭，看看某天中午站在我們店門口的那個男人是不是麵包師傅，要知道答案一點也不難，我邀請他參觀工作坊，那男人馬上對我說：「喔！您知道的，我對那地方熟得一清二楚，我也是吃這行飯的！」

　　到了五點半，收音機仍然開著。我很喜歡聽音樂和新聞，但這種單向的溝通方式，長時間下來終究還是讓我覺得不太舒服。

　　要開戰了！因為術語總用「攻打」來形容秤麵團與塑形。我先掀開蓋住麵團以防止其表面風乾的麻布；然後，迅速且機械化地為麵團把脈──測量溫度。透過這個動作，我可以得到需要的資訊，知道麵團發酵的程度與成長到適用狀態的可能性。要能像這樣立即做出評斷，是麵包師傅非常重要的本領。

　　「秤重」也很重要。每一個麵包的重量是二點二公斤，因為我們已經經驗老道，所以當把麵團放上秤盤時，四次有三次可以精準無誤！而誤差值也絕不會超過百分之三到四，磅秤只是用來驗證確認的。所謂「塑形」，指的則是將一小塊麵團塑成圓形或長條狀，這道手續也需要一定的經驗。接縫（以往稱為「麵包師傅的簽名」，因為每個人接合麵團的方式不一樣）應該要出現在麵包下方，盡可能不被看出來。

　　每一團生麵包都會被放進一個籐籃中。這種材質既儉樸又溫暖，有時甚至比金屬還耐用，我一直無法抗拒其魅力。籐籃排列成梅花形，逐漸疊成一落。我們先用布蓋上，全部都放在烤爐附近，讓麵團保持溫度，並且避免受風吹。

　　六點一到，烤爐裡已升起柴火，過了三到四分鐘，火苗在空氣的助燃之下，將爐口的鐵鑄門燒得微微顫動。這是好現象，代表爐火夠旺。接著我會拿一支耙子，規律地翻攪柴火，使其加速燃燒。在麵包店裡，大家所使用的工具通常是老闆的，不像木工、家具工或其他手工業者，隨身攜帶的工具是自己的，也可以拿回家。但有一項東西例外——刻劃麵包表皮的刀片，這是有原因的：為了空出雙手把生麵包送進烤爐，我們都用牙齒咬住刀片，反正那是私人用品。

　　送麵包進爐的這個動作需要俐落的身手，長鏟很不好操作，每一次在烤爐前壇操作起來，必須像提琴的弓一樣來來回回，然後突然停頓，鏟起小麵團。這動作也需要儘量快速，第一個與最後一個放入烤箱的時間不該間隔太長。除了將麵包送進爐的時間之外，還有秤麵團和塑形的時間也要快，自古以來，這些都是我們暗暗想贏得自尊的競爭項目。某個師傅會說：「我在十三分鐘內就把麵團都送進烤爐了。」或者是「有一次，我一個人在二十分鐘內就把一整爐麵團都秤完還塑好形狀。」我們都把自己的紀錄記在腦子裡（偶爾會不小心把希望達成的目標當成真的），遇到機會就拿出來炫耀一番。

　　將麵團全送入烤爐的這項工作約需一刻鐘，完成之後我們可以稍事休息，喝點水，喘口氣。吃點心通常要比較晚，傳統上是在七點，等到店員開店營業之後，替師傅們煮咖啡。白天就快到來了。

　　麵包在爐裡烘烤的這段時間，有種暴風雨前的寧靜之感。趁這個時候，可以火烤幾片麵包，塗上融化了的奶油，配上烤過的培根燻肉薄片，那股滋味真是美妙無比，這個組合我怎麼吃都吃不膩。等到女店員終於下樓到工作坊來，她走得很慢，因為兩手各端著一杯滿滿的咖啡。在此穿插個小故事：每當女店員出現時，麵包師傅們就開始起鬨。因為在那個時代，他們可是全身光溜溜，只套一件麵粉袋當衣服，腰間則繫一條繩子當皮帶。這副裝扮確實很土沒錯，但還蠻舒服的。師傅常常抓起工作服下襬，掀得老高，擦擦額前那永遠也擦不完的汗……這個動作儘管非常自然，當然也是很認真的，結果有時候卻讓店員小姐們受驚嚇而敬而遠之，就當成是麵包師傅滿足一下小小的暴露玩心吧！不過，我也看過許多麵包師傅與店員小姐結婚的例子呢。

　　麵包就快烤好了，看顏色就知道烘烤階段已近尾聲。我用長鏟翻轉四、五個看起來已經有些焦黃的麵包。

烘烤後等待水分蒸發（麵包排汗）。

我開始把米契大圓麵包鏟出烤爐，跟送進去的時候一樣，兩個兩個一起，這時我心中總會湧起一股特殊的感動，隱約有些虔誠的敬意，這是只有親手揉過麵團的麵包師傅才能體會的感覺。這一次的麵包是不是也會成功呢？不會過焦也不至於太生？外殼會不會厚得像我的小拇指，焦黃過頭，而內層又乾又碎，聞起來還有麵種的味道？這一爐麵包烤出來好不好看？如果說等在麵包店工作的小夥計確認自己的志向，並且油然生出一股不怕時間磨鈍的好奇心，那必定是在麵包出爐的時刻。命運的骰子就此擲下了，麵包開始短暫的一生，接下來就要徒手把麵包搬上樓。然而，正如名詩人馬拉美（Mallarmé）所寫：「**一把賭注永遠不可能消滅偶然。**」還在當學徒時，我曾見過幾千個烤得焦硬如石頭的麵包從眼前被移走丟棄。

我把一個個燙手的米契麵包放上「排汗室」的架子，那裡夠通風，又沒有氣流產生風吹，麵包能慢慢冷卻到室溫。「排汗」是製作麵包的最後一道程序，可以讓麵包在降溫時排除被熱能逼出的水分。人們常喜歡拿麵包排汗和乳酪熟成相比，但我認為這個比喻是錯誤的，因為麵包烘烤過後就已不再發酵。麵包散發出的濕氣會瀰漫到一樓和店面後方的空間，並且在櫥窗上形成霧氣。這種雕有寓言故事的老式櫥窗，在某些古早的麵包店還看得到。浮雕畫裡一定會有女性，像是忙著收成的農婦、切麵包的婦女、懷抱麥穗的女人等，她們令人遙想到過去；當時，為全村人製作與烘烤麵包的工作，皆由女性來擔任。

夜晚結束了，一爐爐麵包也已成為過去式，隨著時光消逝。

我的工作夥伴已經洗好澡了，他的手臂下夾著要帶回家吃的麵包。依照我們這一行的慣例，麵包對夥計而言是免費的。我們簡短交談幾句，互道再見。在我們店裡，夜班的工作流程都與我所描述的如出一轍，幾乎沒有例外。我知道有些別的麵包店是採取分工方式：某人負責烤爐，另一個負責揉麵盆之類。我則傾向於讓每個夥計都能參與完整的生產過程，這樣比較能學到紮實的專業。

違反社會作息

我們這一行的夜班並非自古就存在。據說在十八世紀，還是路易十六的時代，鐵器街上（rue de la Ferronnerie）有位麵包店老闆，他想搶先在隔壁的麵包店之前提供新鮮麵包，於是命令夥計不要等到七點，六點就提早上工，而競爭對手便決定更提早到五點開

「禁忌的夜班」，L・榭荷（Schérer）的諷刺畫，十九世紀。

工。依此類推，其他麵包店連帶受到刺激，最後於是將工作時段整個日夜顛倒。

從巴黎開始，夜班這種工作模式逐漸擴展到各個大城，甚至越過邊境，流傳到其他國家。

「**夜班模式源自於巴黎，而且不過是一百二十到一百五十年前的事，**」二十世紀初，德國麵包工人聯盟的秘書如此記載。同一時期，一個英國委員會拍板敲定，認為麵包店夜班的「歷史淵源」在一八二四年。而我找到其他一些蛛絲馬跡顯示，一九〇七年，在德國的司圖加（Stuttgart）曾舉行一場麵包同業大會，會議上，大家異口同聲的一致譴責夜班制度。在荷蘭，曾有許多把夜班工作畫得很恐怖的圖畫，以聖米歇爾（Saint Michel）對抗火龍的形象呈現。在另一場大會上，義大利代表則宣稱，在義大利禁止夜班後有三項成效：酗酒的人減少了、上學的人增多了，以及結婚率也提高了（簡言之，就是幸福三元素）。法國並未參加這場會議，甚至很反對這個主題被搬上國際間辯論。不過，巴黎當時有一位知名的律師高達（Godard），他倒是很積極地提議一項法律——禁止麵包業者在晚上九點到早上九點之間安排夜班。結果相當失敗，而媒體都很慶幸。「高達先生是否要試著強迫法國人晚上十一點就睡覺？」有位記者提出這樣的質疑；另一位還說：「他是不是要害我們只能吃不新鮮的麵包？」

關於我們麵包業界該上夜班與否的爭議並未因此平息，或許永遠也不會平息。因為這樣的工作「違反社會作息」，上工的人卻必須遵循適應。然而在今天，上夜班的情況已有稍稍減少的趨勢。這是因為麵包工作坊裡都加裝了冷藏室，拉長了發酵的時間。麵包師傅可以在前一天傍晚就把麵包做好，早上再晚一點起床，只需要確認烘烤程度就好。不過，既然這是麵包師傅圖方便，當然，也表示麵包的品質有那麼一點，或許更多一點——降低。

此外，對所有不得不從事夜間工作的人來說，上夜班也並非世界末日。一九九一年，法國的夜班人口總數達兩百五十萬人。雷恩大學（Rennes）附設的工作醫療研究所於一九九九年發表了一項研究，報告指出：若當初是自願選擇、家庭環境能接受、日常所需能獲得解決（包括交通便利、睡眠間隔固定、飲食均衡等），特別的是——要能享有成就感，夜班工作仍屬很好的職業經驗。前提是，與外界隔絕的非職場活動（如大家都在談論的熱門電視節目！）要能以其他休閒娛樂替代彌補，如釣魚、園藝、健行和閱讀等。

維持品質

當麵包師傅可以享有許多特殊待遇，我覺得其中有一點，就算並非絕無僅有，也會最難能可貴的是：這是一份完整的職業！在這個時代，工業化使一切講究專業分工，而麵包業卻能維持其完整性。麵包師傅，如果願意的話，仍能選用熟識農家出產的小麥，挑一家喜歡的磨坊磨成麵粉，並且以他想要的方式製作麵包，還可以自己將成品送到顧客手中。

麵包這個行業與分工精細的現代潮流背道而馳，對於上下游影響很深遠。並不是要當先知預言未來，但我可以想像，在二十一世紀，麵包師傅大概會是最後幾個保留下來的手工業者之一。如果新鮮麵包的味道就此消失了，法國大約只會有十家，頂多二十家的麵包工廠，然後就會一直這樣大勢已定。不過，新鮮的香氣還是存活了下來，今天，

一九七〇年，里歐奈‧普瓦蘭，二十五歲。

有百分之九十的法國人幾乎每天買新鮮麵包來吃，他們去自己選擇的麵包店，因為單純覺得這家店烤出的麵包非常好吃，而且那些店都在他們活動的區域或居住的生活圈內。

此外，對於現代企業規模所造成的各種現象，我也非常感興趣。我認為，當公司中有一位員工，不管是誰，不清楚其他員工到底在負責做什麼的時候，這家企業的規模就過大了。大肆擴充可能會危害到產品的品質，而且也會以其他方式發生危機。有時候，我會設身處地去想像，一個十八歲的年輕人，一出學校就被推進工業區工作……他怎麼會不想逃跑呢？

我剛好最近讀了一則帶有警世意味的小故事：有一個村莊，每戶人家都有一只小鍋子，用來煮湯。有天一位工程師（所謂經濟規劃專家）提議打造一只大鍋，就可以一次煮湯給全村的人喝，這樣最有效率也最划算，大家於是採納了這個點子。不過，開始執行後困難卻一一浮現：製造大鍋並不容易，又該選哪一種湯？而且，所有人都要求在同一時間喝到湯，代表還需要安裝複雜的輸送管線……

我十分明白這種困難。但在我們麵包業，這種危機似乎並不存在，特別不會出現在普瓦蘭麵包，因為我知道分寸。在後面的章節裡，大家可以看到，我是如何把危機意識融入畢耶佛工作室的創建概念中。曾有位顧客對我說：「在我們身邊的各種領域中，有許多產品和服務的品質都下降了。專家有他們一套說辭，用什麼社會經濟理論，甚至搬出哲學來解釋，弄得我們無所適從。但您可以用您的麵包證明，如果有心，品質還是可以維持住的。這就是普瓦蘭現象……」

「普瓦蘭現象」，聽到這句話我不禁微笑，多麼誇張的說法！我相信普瓦蘭代表的觀點只有一種——純粹憑著直覺去發現顧客的真實需要。要想了解顧客，就應該要接近愈多人愈好。我儘量在努力，像一有機會到外省去的時候，我總是詢問遇到的人們，而每發現一家麵包店，我就請求老闆娘讓我參觀工作坊。在做完法國各地麵包的普查之後，為了完成世界麵包調查研究（請參看「世界上的麵包」），我還實際走訪了好幾十位麵包業的老前輩，並且用電話與另外好幾十位討論。

我自己在榭爾旭米帝街的麵包工作坊則開放給所有想參觀的人，即使對方非常靦腆害羞，但只要顯露出有這個希望和意願，我就會主動邀請。格勒內大道（boulevard de Grenelle）上的工作坊也一樣，多虧了學校與團體常組團來參觀，我們的店也成為那一區的一個標記。隨著大量的新辦公室進駐，也帶來許多新人口，這一區還在尋找自己的風格，而我們的柴火爐就成了一個定位點。

　　但年輕的麵包師傅最喜愛接待團體參觀的地方，也許是畢耶佛的麵包工作坊。在那裡，他們能好好分享自己對這個行業的熱情，因為那裡有他們最真切的情感，是一個以人為出發點設計的工作室，完全量身打造，有烤爐和揉麵盆，麵種的氣味瀰漫，人的位置也自然定下，我們將繼續維持這樣的特質。

　　有一天，在露天咖啡台上，詩人摩里斯・豐柏爾（Maurice Fombeure）塞了一張紙條給我的父親皮耶，上面是他寫的詩句：

> 不可避免地，驢子
> 總要回到薊草叢。
> 在我眼中，普瓦蘭父子
> 擁有天賦恩寵。

　　曾經從普瓦蘭麵包獲得靈感的韻文與詩歌，多到我無法一一引述。這很奇妙，不是嗎？就像先前提過的畫作，我也收藏了一大套文選。以下節錄幾則，作者皆為無名氏。

> 我會遭天打雷劈，如果在巴黎找到
> 像麵包的麵包，
> 那美味的麩皮麵包
> 古早時代老磨坊的麥粉
> 柴火烈焰，麵種發酵。
> 您會遭天打雷劈：你找得到這種麵包，
> 那美味可口的麵包，喔！宛如奇蹟閃耀！
> 那是真正的法國麵包，活生生的食物，
> 由普瓦蘭大師手製，這位手工藝大師，
> 重現昔日的絕活。

答句

你用大魚大肉消滅飢餓
但你的眼呢？看見一株薊草便亮了起來
優質燕麥飼料使你的皮毛閃耀，驢子。
至於你，我的胃，你會健健康康
消化一切，什麼也不放過
如果你忠心進食普瓦蘭的好麵包。

一九七九年七月三十日

真正的麵包

噢！蒼白的巴黎人，
你嚴格講究棍子麵包。
但我的寶貝
你的棍子麵包缺少了什麼？
麵團慘白，表殼堅硬，
棍子麵包沒有小麥
只剩下澱粉
所有好料
都留給豬，
你一本正經假惺惺
在你的嘴裡
每餐飯都塞滿
豬仔也不要的東西。

淡而乏味

沉悶又遲鈍

這種麵包的滋味就是如此。

但若佳餚當前，

橡木桶中清澈的美酒

在我的杯中閃耀。噢！此時此刻，

別給我摳門麵包。

還是拿米契大圓麵包

用柴火慢慢烤成。

如果你相信我，動作快，

快！快！

快讓我嚐嚐！

不必等到十二點

快跑，飛奔到樹爾旭米帝，

因為，驢子先生別見怪，

麵包唯獨普瓦蘭。

　　無論是畫家、韻文家、詩人或純粹的消費者，與這些形形色色的人接觸帶給我無限快樂。在生產者與購買者之間，我認為最重要的就是要維繫好關係，讓雙方都有良好的感受、交流。若彼此沒有實質接觸的話，就會容易導致衝突，如消費者協會與麵包公會之間的紛爭。

　　一旦「人味」消失在產品背後，當我們再也無法感覺到生產者的存在，卻處處看到貼上這樣的標籤：「老奶奶果醬」、「法蘭斯瓦神父葡萄酒」或「露薏絲阿姨麵包」等，顧客真的會感到很挫敗。所以，曾參觀過普瓦蘭麵包工作坊的客人，或曾凝視過畢耶佛爐火的人，對我們的麵包必然會另眼相看。現代人要能先做好防衛，不受巨型連鎖擴張和中央廚房制度的侵害，才能保有自己的靈魂。

里歐奈・普瓦蘭

皮耶與里歐奈普瓦蘭，一九九一年，畢耶佛工作室入口。

畢耶佛工作室入口大廳。

La manufacture de Bièvres

畢耶佛工作室

文：里歐奈・普瓦蘭

原本在巴黎城郊的克拉瑪老農莊（Clamart），我們設置了五座從不熄火的烤爐，時間長達二十年。一直到了八〇年代初期，受到道路拓寬工程的牽連，勢必得有所改變。這也是意料中的事，我一直都知道這套設施已不再符合現代需求，遲早要面臨消失的命運，是該淘汰替換的時候了。

不過要怎麼做呢？我所面臨的是一個相當複雜棘手的難題，因為，我得解決一些看起來根本無法解決的嚴苛限制。

首先，這地方必須寬廣，我希望可以容納未來發展的驚人潛力，但又應該要保有人本規格，能將人的位置自然地安排在烤爐和揉麵盆之間、麵種的氣味之中。我想要這樣的一個空間：既能表現出今日以生產力為首要考量的理性層面，同時又結合麵包店的傳統精神與來自普瓦蘭家族的優質經驗。

總之，我希望這個空間能給予麵包師傅最溫暖的感受，因為我知道，

工作中的亞蘭，在手作工廠的其中一座麵包工作坊。

無論在哪一個時代，手工業者都要努力改善自己的工作環境。此外，這裡也要能滿足現代生產與擴充的必要條件。最後，也是最重要的，它要是個適合做麵包的地方。

設置手作工廠的過程堪稱一波三折。我們曾向主管機關提出正式申請，尋求一塊符合我們需求的用地，結果被核定在一個工業區裡（還是手工業區？我已經搞不清楚了），旁邊竟然是好萊塢口香糖（Hollywood Chewing-Gum）的廠房。這根本是雞同鴨講，於是我決定靠自己的力量來解決。

與距巴黎最近的麥田為鄰

後來在畢耶佛附近，離維拉庫布雷機場（Villacoublay）不遠的地方，我發現了一塊地，由於在大戰期間受到摧殘，堆滿深達一米半的煤渣，完全無法使用，頂多只能被拿來當成儲貨地點。這令人傷感的場景就位於「距巴黎最近的耕地」旁邊，而且，那片耕地還是一片小麥田。距離這麼近，我很喜歡。這彷彿是一種召喚。

從那時起，我從不忘記向來手作工廠參觀的人介紹鄰近的這片麥田。

好在畢耶佛的市議會非常重視環保，也多虧了市政府的支持，我才能重新整理這塊土地，改造成一個適合薰衣草、歐石南、金雀花，以及多種果樹生長的環境。

畢耶佛，手作工廠前方的麥田。

畢耶佛，麵包工作坊外的環狀走廊。

手作工廠內部，木柴區。

　　我覺得在這個地點設置我們的手作工廠非常理想。如此大空間的結構真是專為手工製造而設計，正如手作工廠這個字眼和其意義，已經順利存在了幾個世紀，並且得到寇爾伯（Jean-Baptiste Colbert，西元1665-1683間法國財政大臣）的背書。畢耶佛工作室的模式既符合麵包師傅要獨力工作的需求，能從頭到尾負責製作一爐麵包，又可以同時設立好幾座麵包工作坊，方便互相支援合作和材料輸送。還有大片落地玻璃窗所營造出的開放空間，與室外的大自然連成一氣。老實說，在榭爾旭米帝街的陰暗工作坊裡工作那麼多年後，我好懷念這樣明亮的景色。

創新的結構：圓

　　畢耶佛手作工廠將普瓦蘭的概念整個鉅細靡遺地呈現出來，可說是麵包師傅與建築師成功對話的美妙結晶。從主要的想法到最小的細節，我和內人伊布都一起討論，她是名建築設計師。在每一個階段，伊布都投注了她無盡的創造力，以及世界公民所講求的實用永續精神（她的童年是在波蘭度過，年輕時則住在美國，目前在法國生活，又常到各種不同文化的地方旅行）。熱愛設計的她，對於線條、容積和物件等，她的觀點精粹獨到，並且很講究材料的品質，要求經久耐用（她決心建造出永恆）……因此，工廠結構所呈現出的原創性與別出心裁的特質，總讓來訪人士讚嘆不已。

　　我們希望工廠的結構為圓環狀，以便更能融入大自然的元素（大家都知道，大自然中沒有絕對的直線，也沒有明確的稜角），而且圓形可以將空間做最好的處理。這整座建築，據說是世界上唯一的圓形建築。

　　在手作工廠的中心，有一座木柴區。所有要送入烤爐生火的木柴都存放在此。可存放整整一年份的乾硬木柴，全能燃燒出熊熊烈焰，極少炭化餘燼（在烤完每一爐麵包後，我們都會把剩炭清除悶熄）。這些木柴都是回收物，來自鋸木場丟棄不用的碎木，但是需要先經過挑選，若含有樹脂，還是塗了油漆、帶有髒污或經過化學處理的，一律都得排除，然後還要在這裡先乾燥六個月，才能將排碳量減到最低──濕木柴會因為碳化而產生黑煙。我們現在可以把榭爾旭米帝街的通氣窗拋在腦後了。製琴大師奈格爾（Reinhard von Nagel）曾回憶：在六〇年代，每個星期六上午，他總是從位於葛列果‧德‧杜爾（Grégoire de Tours）街的木工工作室帶來許多切剩的木柴，然後從這座通氣窗倒進去……

里歐奈‧普瓦蘭走入小麥田中研究當年的麥穀。

　　我們的種種環保行動，無論是木柴還是小麥，都鼓舞了上游供應商一起加入對品質的嚴格把關，也因此促成普瓦蘭企業在一九九六年榮獲「奢華與環境」獎（Luxe & Environnement）。

完全以石磨來磨碾小麥

　　提供普瓦蘭麥子的農家與我們有著長年穩固的合作關係。每一年收成之後，農家與磨坊主人就會來拜訪我們的工作人員，談談他們對下年度的麥收有何看法。我很喜歡與他們會面，同樣也非常喜歡實地到麥田裡去跟他們聊聊，一起用雙手撥弄麥穗。從這些談話中，更可以撈得一些祖父所說的「無字」寶貴知識。這些特地選擇過的田地會在固定時間播種，因為每一個麥種的生長週期都有其限制，但無論哪一種，都有一個不變的共通性：我們麵包用的是沒有任何農藥的麵粉。

　　普瓦蘭的麵粉是在磨坊中以石磨碾碎整顆麥粒所磨成的。我們合作的磨坊都遵循普瓦蘭的招牌規則，也就是我先前強調過的：整顆麥粒。唯有如此才能完整保留胚芽油的豐富營養。再加上給宏德地區（Guérande）產的海鹽、水，以及從父親皮耶‧普瓦蘭

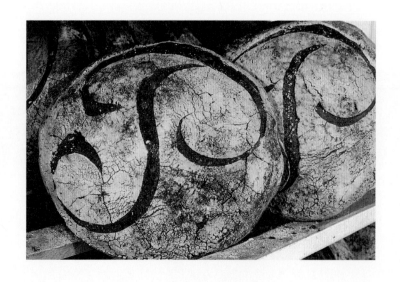

自一九三二年開店以來，一爐爐麵團傳下來的麵種酵母，只有這些，沒有任何其他添加物，這些即是普瓦蘭麵包的全部組成元素。我們總是以最仔細謹慎的態度，緊盯每一項元素的品質，至少像每一個製作階段一樣，嚴格把關。

千禧年起，米契大圓麵包刻上大寫字母P

為了檢驗和控管普瓦蘭麵包的品質，我導入了一套系統，在畢耶佛、樹爾旭米帝和格勒內三地都持續執行：從每一座烤爐、負責每一爐麵包的師傅作品中，挑一個最具代表性的米契大圓麵包，放入一輛籐編的手推車中。在畢耶佛，因為所有的烤爐都維持不熄火，這個麵包由早、午或晚班的廠區負責人選出──雷蒙、馬歇和尚・克勞德（Raymond, Marcel, Jean-Claude）。

每一個米契麵包都有標籤，標有製作者的名字，不過眼尖的人光從成品中就看得出每位作者的不同手法，尤其是西元兩千年以後，我們不再在麵包表皮上劃方形圖案，而改採大寫的字母「P」，代表普瓦蘭（Poilâne）與麵包（Pain）。

這個簽名有著明確的溝通用意（我們與顧客的唯一溝通管道就是麵包，原因很簡單，因為我們堅信這是最好的方式！）不過，我們的工作人員必須先受過一定的訓練學習，才能提腕一揮，輕鬆劃上這兩道弧線。

推車上的米契麵包都經過仔細檢查：切塊、聞嗅、品嚐，酸鹼值也需符合控管，若不是由我親自操刀，就是由我們的品管負責人巴斯卡（Pascal）上陣，自從開廠元老尚・

送進烤爐之前，在米契麵包上刻畫「P」字。

爐喉式烤爐的爐膛。

狄亞（Jean Diard）退休之後，就由他來接班。要是我沒辦法在一大早到畢耶佛，這一推車的米契麵包就會「南下」到榭爾旭米帝街。

酸味能表現出「主腦」的品質。「主腦」則主宰了麵種的發酵程度，或者說，發酵不良是因為「主腦」太嫩。在揉麵階段，因為麵種揉入了空氣在其中，酸味就比較不那麼明顯，但這個味道始終能在麵包內層嚐到。「榛果味」則是呈現出烘烤的品質：烤爐的溫度是否適當，進爐的時間是否最佳……

以木柴室為中心，二十四座烤爐排列成星狀光芒

在畢耶佛，二十四座烤爐圍繞著木柴室呈放射狀排開。每兩座爐共用一個工作坊，一間坊室供兩位師傅工作，每一位各自負責一座爐、一張轉檯和一盆麵團。這種安排方式能讓學徒與帶他的師傅共處於同一座工作坊內，也方便學徒在九個月的實習期間能好好就近受到關照。

畢耶佛的烤爐都是榭爾旭米帝街建造於十九世紀的本爐翻版。這二十四座烤爐非常沉重（想像一下有一百噸生鐵、沙子和耐火磚！），是根據建築師審慎研究出的構圖來打造，以求能發揮最大效用。對於烤爐，我有許多特別要求，其中一項是「爐床」的

傾斜度，因為麵包就放在這面爐床上烘烤。我希望這個斜度是經過科學計算（爐床的反射熱度應該要比爐頂低），而非還像五〇年代那樣，由造爐工匠根據經驗擺放，即便他很小心調校，總還是可能會有誤差。像這樣讓建築師介入可算是一項創舉，自畢佛耶之後，我們所有的烤爐都依據這個構圖打造，在倫敦的唯一一座爐也不例外。它們都仍然保有古早柴火烤爐的優點，而缺點又都已獲得改善，像是以往的爐膛總骯髒又不整齊，還有為了容納木柴而將爐頂建得非常高。

現在的烤爐有「爐喉」（gueulard）和「固定式爐床」（sole fixe）兩種。在此就不深入講解細節了，姑且這麼說吧：柴火室位於爐床下方，在生火的時候，有個開口讓火苗竄出。爐喉就是設置在這個開口前面，能將火燄引導到烤爐各面，使爐頂下的熱度平均分配。固定式爐床則更勝一籌，它所散發的熱力較為乾燥，所以比較好，但因為不需要不斷添柴，也就減少了柴炭的生成，縮短了熱爐所需的時間。然而，就我所知，巴黎的木造烤爐都已不再採用固定式爐床……

灑一把麵粉探爐溫

在畢耶佛，我們沒有溫度計，烤爐裡沒有，麵團要用的水裡也沒有。我堅持不用溫度計，因為麵包師傅的感官應該要無時無刻不敏銳清醒。每一位都要用古早的方式來控管自己烤爐的溫度：灑一把麵粉在烤爐裡看上色的程度，或在麵包鏟上放一張紙，若變淺褐色，那就表示爐溫剛好適合送麵包進爐，於是撤掉爐喉，用「水氣盆」堵上開口，讓爐子休息幾分鐘。然後開始「進爐」作業。

一個麵團重量為二點二公斤的麵包，所需的烘烤時間約為一小時，在這個過程中約會減輕三百公克的水分，然後再擺上六個小時散發水分──「排汗」（ressuage），在此階

米契麵包在關上爐門的烤爐旁排汗，這是麵包製作的最後一個步驟。

段，一個個一點九公斤重的麵包，在工作坊的室溫之下，會置放於推車上休息，避免與外界氣流直接接觸。

兩爐之間與網購

所謂一爐，在麵包出爐的時候就算結束。下一爐麵團就放在烤爐前，等待爐膛再加熱到適合進爐的溫度。第三爐則正在揉麵階段。同一個時段始終維持前後有三爐麵包的製作。每一位麵包師傅抵達工作坊後即開始他第一爐麵包的揉麵步驟，同時要將上一班師傅的第四爐麵包送入烤爐——也就是排在爐前等待的那批。在工作坊中，交接大約需要花十到十五分鐘。麵包師傅之間不需要多話，只要把重要的事情交代清楚，像是麵粉和麵種的反應、室外與室內的溫度、烤爐的熱度等。

烤爐永遠都不熄火。一天二十四小時有三名師傅輪流守在烤爐前面。在運作制度上，早上四點半有一次短暫的休息，當夜班師傅完成了他最後一爐的麵包時，司機也將烤好的麵包裝載到小貨車上，準備運送到大巴黎區的乳酪舖、精緻香料店、餐廳，以及酒吧。至於法國其他地區和國外的部分，貨物都在早上準備好，下午寄出。自從有了畢耶佛手作工廠後，我們也能回應海外的訂購，遠從美國透過網路傳來的訂單，都能在二十四小時內出貨。

艾波蘿妮亞・普瓦蘭，在畢耶佛手作工廠與出貨團隊合影。

Notre programme de formation, l'univers culturel du métier de boulanger

普瓦蘭的訓練課程，麵包業者的文化世界

文：里歐奈・普瓦蘭

　　只要技藝能一直傳承下去，我們這個行業就一定能存活。在我看來，這是全人類未來所不可或缺的，屬於「記憶義務」（devoir de mémoire）的一部分。在這方面，工匠的角色就極為重要。狄德羅（Diderot）與編寫百科全書的學者們都早已明白這一點。他們認為，工匠應該要能將感官與質感細膩化，才能晉升為專家，成為「偉大的操控者」（grand manouvrier）。藉由知識，工匠能超越直覺，深入了解自己的職業，並且完全融入其中。以往，這些珍貴價值就藏在師傅們的身上，代代相傳。然而，時至今日，師傅們幾乎已都不在人世，而他們對工作特有的見解與哲思亦隨之消逝；現今，師徒制度已經被學校所取代，但老師教導的只是學院派的知識，可惜淡化了，有時甚至是模糊了對每個行業的了解。由於教導的人往往只是淪為機械性地重演職業所需的基本動作步驟，卻沒有深入思考其真正的涵義，以及為何存在的道理。結果這些動作只不過像在苟延殘喘，毫無意識地模擬一份沒有靈魂的工作，而品質也就常常被犧牲。

　　觀察到上述現象後，我便研擬了一套訓練課程，以將本企業的專門特質傳承下去。普瓦蘭的技藝絕非空穴來風，不過在最一開始，父親皮耶所做的只不過是保留老祖先的技術。因為根據區域與製作者的不同，麵包也有許多變化，他在累積了法國與歐洲各國的經驗後，萃取出所有優點，不知不覺就創作出這樣的麵包——我們的顧客稱之為普瓦蘭麵包。

　　後來，在完全不去改變製造方法的前提下，我吸取了幾種農經、生物和科技等方面

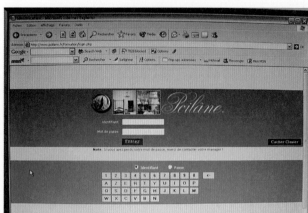

訓練課程的其中兩頁。

的不同經驗，希望能更提升我們麵包的品質。無論是與其他專家會面、閱讀或到各地旅行，都使我的知識更豐富。

　　西元兩千年二月，參議院舉辦了一場演講，題目是「自學者的勝利」（Victoire des autodidactes）。在這個場子上，我頗為興高采烈，刻意語出驚人的誇張炫耀：「比起『什麼都學卻什麼也不懂的人』，我更喜歡『什麼都沒學過卻什麼都懂的人』。」我下了個結論：「根據利特烈字典（Le Littré）的定義，自學者族群一定都能在各領域持續發展下去。自學者，就是靠自己學習的人。這樣正好，因為最符合我們的期望。對於透過第三者媒介、甚或外包契約式的學習，我們自學者多存有很大的疑慮……感謝諸位更堅定了我們的信念。只有當腦子被填鴨的程度為零，我們才能感受到無盡的學習樂趣，同時擁有無盡的好奇心。」

　　以往，普瓦蘭的知識與技藝，皆透過老師傅口述傳授給店裡的夥計，再由他們教導學徒。但我覺得這樣的訓練方式並不盡完善，一方面口述容易被曲解，而且也不夠清楚；另一方面，像是送貨員、女店員等的其他工作人員，也希望自己能有機會接受訓練。於是，我想到借助電腦的技術，讓所有普瓦蘭的工作人員都能使用，並且能隨時自學這些知識。

　　為了讓課程內容能涵蓋這一行業的所有範疇與相關文化領域，我們請教了許多最優秀的專家，例如手部外科醫師、神經學者、人類學家、植物學家、精細木工匠、鹽場作業員與氣象專家等研究學者。我希望各界都能熱情參與，便誠摯邀請所有願意與人接觸，並且由衷對手工藝的世界有興趣的人們。我拿出最誠懇的信念，再加上一點堅持，成功獲得不少出色人士的支持，每一位都親自蒞臨畢耶佛，與我們的麵包師傅見面。一

如我所期望的，普瓦蘭的麵包師傅們都流露出事甚關己的濃厚興趣，並且踴躍發言，促使原本侃侃而談的各類專家都能從理論再切入到具體的實際應用。我的合作夥伴——尚·拉普雅德（Jean Lapoujade），打從一開始就非常投入這項職訓計畫；每一次有專家來訪，他都會和我一起，並且把座談內容製作成十分鐘左右的投影片，然後加進互動教學系統；我們的職訓課程目前共有九十段的投影片。

至於互動教學系統的形式，我曾研究過當時所有最新、最頂尖的技術，結果遇到了意想不到的困難。面對科技的進步，我總是迫不及待，躍躍欲試地想實際操作。早在一九八六年，我就開始將這套訓練課程付諸實現，但用錄影帶嘗試的效果極令人失望。一直要等到一九九三年，以光碟（CDI）製作出的課程總算堪稱滿意，但我並不以此滿足，一九九八年，再將課程設計成CD-ROM；到了二〇〇二年，則直接建構在公司的內部網絡。至今，我們的職訓課程仍在不斷演進。

這套課程旨在分享所有關於普瓦蘭麵包的知識，無論如何都還是不能取代師傅在現場的實際演練與動作。不過，課程的內容突顯了本企業的文化，對普瓦蘭所有的員工而言，這是一份共同資產，也成為他們每日專業操作不可或缺的補充教材。

這套課程與系統是前所未有的創新。許多大集團的總裁都很感興趣，因而前來取經。身為自學者的我，真的非常高興。

畢耶佛，亞蘭和他的學徒正在秤切麵團和塑形。

雅典娜與艾波蘿妮亞，二〇〇〇年四月二十九日，倫敦。點燃一六六六年以來的第一爐柴火。

Le seul four à bois de Londres

倫敦唯一的柴火爐

文：艾波蘿妮亞·普瓦蘭

　　西元二〇〇〇年四月二十九日，我的父親——里歐奈·普瓦蘭將點燃倫敦爐的任務交付給妹妹雅典娜和我。父親很喜歡這類象徵性的動作。對他來說，這場點火儀式代表了現代與古老的傳承交接。他劃下一根火柴，點燃一塊木頭，然後遞給我們。那一年，雅典娜十四歲，我十六歲。倫敦店是普瓦蘭的第一家海外分店，直至目前為止，仍是唯一的一家。

　　約在七〇年代，父親早已著手將普瓦蘭麵包運送到國外的餐廳。最早是從美國開始，許多餐廳都很讚賞我們能將米契麵包及時送達，而且保持在良好的狀態。有幾家甚至說，這種麵包出爐後，先放一兩天再使用，品質會更達顛峰。

　　一九九一年，知名記者皮耶·沙林傑（Pierre Salinger）邀請父親上佛羅里達的一個電視節目，談談他如何構想出的這個「文化特例」，指的是普瓦蘭的職訓課程。對我們企業而言，那是一次打開知名度的珍貴機會，錄影結束後，晚餐設在墨西哥灣旁，父親很訝異地發現安傑羅餐廳（Angelo）的老闆前來向他索取簽名。

　　那麼，為什麼會考慮把分店設置在倫敦呢？因為父親總是留神觀察時代的任何小波

動,非常敏感;而從九〇年代初期起,他就已經感受到一種微妙的演變:倫敦開始有一股特殊的美食氛圍,許多新餐廳陸續開張,未來的名廚接連嶄露頭角……再加上歐洲之星的通車,從此巴黎到倫敦只要三個小時,讓人不得不思索,在瑪芬蛋糕的國度開設一家普瓦蘭麵包店的可能性。而且,所有的研究報告和專業諮詢,都比不上父親心中那股堅定的信念:「這一定會成功……」

然而,這家分店的準備工作簡直像是一場冒險,經過整整兩年的努力與行動。自從一六六六年的倫敦大火之後,柴火爐就已經被完全禁止,而若沒有柴火爐,就烤不出普瓦蘭麵包。儘管如此,父親仍然對自己的想法有信心……

我還記得他當時多麼用盡心思,將這項計畫撰寫成一本很厚的提案,文中附上各種論點,搭配詳細的解說和佐證資料,例如反污染測試等,宣示我們重視環保的決心和信念。這份檔案後來提報給西敏寺議會(Westminster City Council,更詳細地說,應該是環境規劃部的企業噪音與汙染小組),而早在一九九八年五月,父親就已經與這個機構有好幾次書信往來。

倫敦的普瓦蘭麵包店正門。

一九九九年八月十一日，普瓦蘭企業獲頒法律免除——這座柴火爐獲得特別允許，這已是一項大勝利；再隔了幾乎一年之後，爐火終於得以點燃，這則是一種驕傲；而烤出第一爐麵包，又是一個月之後的事了。在這一個月中，爐膛的溫度慢慢升高，然後維持在適當的熱度，師傅要先仔細研究爐火的反應，並且做各種烘烤測試。

父親堅持在倫敦製造的麵包一定要和巴黎的一模一樣。由於在英國找不到符合他要求的小麥和麵粉，他特別安排了管道，把材料從法國運過來。秉持著同樣的精神，他也從巴黎把麵種帶到倫敦——正是由我祖父皮耶在一九三二年製出的第一批，並且持續在榭爾旭米帝街的工作坊分播養出的麵種，放在一個

倫敦的麵包坊，一袋袋麵粉皆由法國進口。

冰桶中，以阻隔發酵。父親曾對我描述，在巴黎北站要出關時，海關人員看到這件古怪的行李後表情有多麼驚訝。

二〇〇〇年六月五日，我們與法國的鄰居一起分享了正式的第一爐麵包，是由法國來的麵包師傅們製作。那是一支優秀的隊伍，接受過普瓦蘭學派的教育訓練，並且為新事業注入一股新鮮活力。這項成果讓父親非常滿意，他一直希望能優先從企業內部提拔人才。

Pain &
diététique

麵包與營養學

《諷刺漫畫報》（La Caricature）插畫，一八三二年。

Une valeur reconnue, à mieux connaître

麵包價值備受肯定，仍待更深入的了解

　　在一九八一年出版的《業餘麵包愛好者指南》，其中一章「麵包與營養學」探討了吃麵包與消費者體重增加之間的關聯。人們總是說——直到現在我還這麼聽說——麵包會讓人發胖。在以下文章中，你不但能得到這個問題的正確解答，還將學到有關麵包的營養特質和人體如何吸收的新資訊。

Clamer haut et fort l'intérêt at la valeur du pain

疾呼推倡：
麵包的好處與價值

文：馬塞爾-傑克‧施庫里（Marcel-Jacques Chicouri）醫師 / 糖尿病專家，營養師暨藥劑師

　　也該是因緣巧合，我剛好在麵包師傅守護神——聖‧歐諾雷日（Saint-Honoré）這一天回覆撰文。受我們已逝老友里歐奈‧普瓦蘭之女所託，我在此將我在他二十五年前的著作《業餘麵包愛好者指南》中所寫的舊文增修。

　　身為糖尿病與營養學醫療專家五十年以上，我應該邀請同業高聲疾呼、大力推崇，提倡麵包在我們飲食中的好處與價值。

　　無庸贅言，眾人皆知在一份均衡的飲食中，碳水化合物應占百分之五十左右。而碳水化合物（醣類）共分兩大類：第一類為可快速吸收的簡單型碳水化合物——包括蔗糖、甜菜、蜂蜜和果糖等，依據個人所需，應占每日糖類攝取總量的百分之十五至三十；另一類則是吸收緩慢的複合型碳水化合物，基本上由雜糧和穀類纖維構成，根據來源，又分為所謂可直接吸收或不可直接吸收兩種。

　　「快糖」能被立即吸收，迅速提高血糖，於是胰島素將因彌補效應而快速分泌，造成空腹饑餓感，讓身體產生「重新再吃」的需求，即所謂的「以糖喚糖」；而「慢糖」

則是透過澱粉吸收（如麵包，富含澱粉類的食物，像馬鈴薯、豆類等），吸收速度較慢，短短一刻鐘是不夠的，需要幾個小時。

在「慢糖」類中，麵包可是首選。此外，自古以來，麵包也已是人類祖先的基本糧食。在今日，麵包的消費在衰微了一陣之後，重見消費曲線逐漸攀高，這真是可喜可賀，我們應該這麼說。

由法國市調公司Sofres最近所做的一項調查顯示，絕大部分的法國人每天購買新鮮麵包，而這一批人都選擇在傳統麵包店進行消費。

當麵包在我們的飲食中仍必須保持重要地位時，我們就該儘量吃「傳統」麵包，避免吃工廠製造的白麵包。

當然，「祖字輩」麵包是最佳選擇，所用的麵粉是全麥研磨出來的，再適度過篩，並且使用優質麵種或酵母，待麵團發酵確實後，以正確的方式烘烤（而且用最理想的柴火烤爐），就像「古早時候」的美味麵包一樣。值得慶幸的是，在我們這個時代還能找得到這種好麵包。

別遲疑，請多多提倡早餐吃麵包的好處吧！現在我們太習慣用混合乾果的穀片來取代麵包了；然而，特別是針對兒童需求，請選一個好麵包，切下一片，在上面塗抹奶油，放上少油脂的燻肉火腿、乳酪、果醬或蜂蜜，一份均衡的早餐就此誕生，孩子也不再需要在十點鐘時又得吃個點心打氣。

在結束這篇短文之前，我們所有同業都應該異口同聲，清楚告知大眾：「好的麵包並不會讓人發胖。」

除此之外，好的麵包還富含纖維素，有助於對抗消化怠惰，這項好處非同小可。我們真是幸運，可以在自己的國家，輕而易舉地買到如此既傳統又珍貴的優良食物，讓全世界都羨慕呢！

Il n'y a pas un pain, mais des pains

麵包何止一種

文 喬治・哈爾班（Georges Halpern）醫師 / 內科醫生，飲食藥品科學教授

　　麵包會讓人發胖嗎？這個問題看似單純，答案卻不簡單。因為麵包並不單單是麵包，世界上有許多不同種的麵包，不僅製造方法完全不同，有時連材料也相差甚遠。對於新陳代謝較差的體質而言，富含碳水化合物的麵粉造成「肥胖」的可能性將提高。然而，用心製作的麵包，只要使用品質優良的專用麵粉，營養比例就會均衡，成分也會是蛋白質和吸收緩慢的醣類，並不會引發胰島素激升而損害健康。好的麵包也含有惰性成分（纖維），能調節腸部消化，阻止醣類吸收，但過多的纖維可能會太刺激腸部，產生

艾波蘿妮亞・普瓦蘭與榭爾旭米帝本店的員工團隊。

打開一袋麵粉……

發酵且造成不適，使微量元素或維生素吸收不足。那該如何斟酌纖維的多寡呢？這就要靠麵包師傅的技藝了。

　　若一個人的體重穩定，體能活動正常，卻還限制他攝取麵包，這等於直接驅逐所有醣類，是相當不健康的。事實上，適量地吸收麵包養分反而能促進營養均衡，還能享受美味，好的麵包可說是一種極為營養且經濟的食物。

　　相反的，對於新陳代謝原本就不正常的病人，可能需要遵照初步藥方而限制麵包的攝取。然而，在配合嚴格的飲食規定之後，應該儘快恢復食用麵包，以求有效保障營養均衡。了解麵包的根本成分是不可或缺的常識，麵包店也應該教育員工正確知識，才能避免各種輕重不一的錯誤觀念（輕者：「不要吃麵包！」重者：「麵包對糖尿病患有益！」）四處流傳。當然並不是要把所有店員都變成營養學家，但我認為，可以從小學教育起就加入相關的基本資訊。

Le pain réhabilité en aliment de base

麵包大反攻，回歸主食之列

文：皮耶-賀內・蓋斯禮（Pierre-René Guesry），歐洲營養科學學院主席團院士

「**你要揮灑額前的汗水，賺取麵包。**」從聖經中的這句告誡可知，麵包在古代文明中有著象徵性的重要價值，甚至超越營養上的價值，這樣的重要性一直延續到上個世紀中葉。

在我還是孩子的時候，麵包仍帶有濃厚的「禁忌」色彩：絕對嚴禁丟掉任何一丁點的麵包殘屑。在湯中浸泡麵包或「煎麵包」的食譜多得不勝枚舉，在在證明了人們努力回收每一塊麵包，即使已不新鮮也不浪費，可以加入熱量相對較低的蔬菜湯中補充營養，或變身為美味可口的甜點。

在西歐文明中，特別是在法國這個麵包王國裡，長達幾世紀之久，麵包始終都是人類的基本糧食。

麵包曾是早餐的主力，配上奶油或果醬，或摻在湯中食用。午餐也以麵包為主食，有很長一段時間，麵包都用來取代盤中菜餚。唯有手頭寬裕時，會在麵包上放上一塊肥燻肉；經濟吃緊的時候，則僅抹上大蒜，配點番茄。

麵包還曾是點心的基調，特別受寵的孩子們總能配上一塊巧克力。最後，在晚餐或古早所說的夜食中，麵包也占了重要的一環。

麵包的營養價值究竟有多高？在今天這個時代，早餐穀片似乎方便省事，可以沖泡即食，而其餘幾餐也可由營養可能更豐富的食物取代，那又為什麼會出現重新提倡以麵包為主食的潮流呢？

有人把二十世紀下半葉麵包失寵的現象，與同時期工業國家中迅速蔓延的肥胖症聯

想在一起。這樣的定論是下得過快了些，混淆了因果關係。在經濟蕭條的時代，麵包曾是貧窮人民的主食，因為這是最便宜的食物。窮人三餐不繼，只買得起麵包，也只能吃麵包，卻仍身形削瘦。此外，還有一則矛盾十分有趣：人們一面讚揚麵包的營養價值，同時卻又極力詆毀以麵包為主要成分的漢堡。

　　現在，對大部分的人而言，幸好，經濟狀況已好轉許多。為了平日養生，大家應該多選擇麵包，享受它所帶來的美味樂趣和獨特的營養價值。

熱量

　　麵包的熱量其實相對貧乏，這對我們今天這個物資太過充裕的社會來說，是件好事。新鮮的好麵包其實熱量很低，因為水分已占三分之一，油脂的含量也相對稀少。平均每一百公克的麵包約含兩百七十大卡，而所謂全麥麵包的熱量更低（約每一百公克兩百三十四大卡），含有更多纖維（每一百公克麵包含有七公克纖維），而一般麵包，如法國麵包的代表——棍子麵包，則每一百克只含有三公克纖維。

纖維

　　麵粉磨得愈細，所含的纖維就愈少。穀類纖維有許多好處，能鎖住食物中的水分，改造質感，並且減少熱量高的成分，還有利於腸部蠕動，能改善現代人因飲食方式與少量活動所造成的便秘。此外，在預防大腸癌方面，纖維的成效已為眾所皆知。某些水溶性纖維，特別是蘆薈（含Beta 葡聚糖），助益極大，能減緩胃部清空，遏止碳水化合物的吸收，藉此將快糖（白麵包的特色就是能吸收快糖）轉化成慢糖，於是延長了麵包所產生的飽足感。

　　然而，大自然並非二元論者，事情也很少全部都好或只有壞處。就膳食纖維而言，也必須加註「但書」。植物纖維（麩皮）中的磷含量過多，這一點我隨後再論；但最要緊的是，它們含有一種果糖聚合物：植酸（acid phytique）。這種酸含有許多礦物質連結區，所表現出的反應就像是一種鈣與鎂，鐵與鋅的強力螯合劑，會限制這些營養成分的吸收，而這些成分對人體健康卻是不可或缺，在現代飲食中又多半不足。因此，必須小心注意的是，確保飲食中包含各類礦物質且分量要足夠；此外，麵包（特別是富含纖維的種類）不該與這些營養素同時攝取，但這純粹是就理論上來說。畢竟，麵包的最佳夥伴——乳酪，即含有豐富的鈣質；而常用來配麵包的巧克力中，鎂的含量也極豐富……

磷酸鹽

麩皮的第二個缺點是富含過多磷酸鹽,在我們的三餐飲食中已成負荷。每一百公克全麥麵包就含有一百九十五毫克的磷(約為每日建議攝取量的四分之一),卻只含有五十八毫克的鈣(僅占每日建議攝取量的百分之五至七),而在飲食控制中,鈣對磷的單位比例應該要更高才對。

脂肪

在麵包的熱量來源中,脂肪僅占百分之四(每一百公克低於一公克),對於降低能量密度頗有助益;另一個好處是,這些脂肪基本上屬於單不飽和脂肪(油酸)與多不飽和脂肪(以亞麻油酸為主),其中約只有四分之一屬於飽和性脂肪(棕櫚酸和硬脂酸)。麵包也不含膽固醇。

蛋白質

麵包中的蛋白質含量值得關注:每一百公克麵包約含八公克蛋白質,相當於能量的百分之十五,恰好是一位正常成年人的所需比例。不過,這些蛋白質,正如所有穀類蛋白質一樣,僅含少量賴胺酸(Lysine,一種人體不可或缺的胺基酸),如此一來,若麵包是飲食中唯一的蛋白質來源時,營養價值就略嫌不足。但只要搭配乳製品、肉類、魚、蛋,或甚至豆類,麵包就變成良好的蛋白質來源。

礦物質

在礦物質與其他微量元素之中,以鐵在麵包中的含量最為豐富(每一百公克約含兩毫克,相當於每日建議攝取量的百分之十五),只是植酸會抑制鐵的生體利用率。至於硒,所有的穀類都富含這項元素(每一百公克麵包約含零點零三毫克),當然,前提是小麥要種植在硒元素豐富的土地上。不過,麵包中的鋅成分並不多,大約是每一百公克中有零點九毫克,僅相當於每日建議攝取量的百分之六。

先前已提過,麵包的鈣質含量稀少(每一百公克僅含二十五到九十毫克,也就是每日建議攝取量的百分之三到十);但在鎂的部分,含量與鈣相當,卻達到每日建議攝取量的百分之八到二十。

維生素

麵包中含有相對多量的維生素B群：

硫胺素（thiamine，維生素B1），含量高達每一百公克零點五毫克，相當於每日建議攝取量的百分之三十；

核黃素（riboflavine，維生素B2），含量為每一百公克零點三毫克，相當於每日建議攝取量的百分之二十；

比哆醇（Pyridoxine，維生素B6），含量較少，每一百公克約零點一至零點二毫克，相當於每日建議攝取量的百分之五到十；

維生素B12的含量為零；

葉酸的含量則約每一百公克占零點零二毫克，相當於每日建議攝取量的百分之十；

維生素E的含量稀少，約在零點二至零點三毫克間，僅占每日建議攝取量之百分之二到三；至於維生素C，含量為零；脂溶性維生素A和D也不存在於麵包中。

鈉

最後，麵包最大的缺點之一在於鈉含量過高，每一百公克中含有六百至七百毫克，而鉀元素則含量貧乏。偏偏我們的飲食中已含有太多的鈉而缺少鉀，這正是引發動脈性高血壓的兩大因素；至少，就半數先天對超高鈉敏感的患者而言是如此。許多西歐政府已提出對策，逐漸降低食物中的鈉含量，在麵包方面更加不遺餘力。根據我們的經驗，麵包中一部分（最多可達百分之四十）的氯化鈉可以氯化鉀和氯化鎂的混合物替代，消費者並不會因此抗議味道改變，而麵包師傅也不會抱怨製作上產生困難。

總而言之，麵包是一種好處極多的食物，值得重回我們每日飲食中更重要的位置，但並不能將它視為萬靈丹。我們必須清楚知道麵包不足的部分，才能適量且恰如其分地，配合身體的狀態，甚至，就某些人而言，根據其病症需要，慎重地掌控食用。

一切安排，都應讓消費者體驗到麵包所帶來的樂趣！

古老的揉麵檯上，篩麵粉。

Les bienfaits du pain :
une valeur nutritionnelle à mieux connaître

麵包好處多多：
你所不知道的營養價值

文：艾瑞克・波斯泰（Eric Postaire）博士，
法國國家衛生暨醫學研究院（INSERM）藥學專家

所有的營養學家都一致認同將麵包視為基本主食。然而，一般消費大眾對於麵包的營養貢獻卻不夠明瞭，尚有極大的改善空間。

昔日，麵包的營養價值緩慢走下坡

過去幾世紀以來，麵包的營養價值大幅下降了許多。由於消費者逐漸捨棄「全麥」麵包，喜好以白麵粉製成的產品，這些產品的成分主要來自小麥穀仁，是先除去外皮和胚芽之後才研磨。可惜的是，穀粒中的營養成分分布非常不均勻──穀仁富含能量元素：蛋白質（穀蛋白）與碳水化合物（澱粉）；但是，具保護作用的部分（纖維、維生素和礦物質）則集中在麩皮（尤其在糊粉層最多）和胚芽。此外，因為改以農業成效和麵包質地為標準來篩選穀物品種，結果造成麥子所含的微量養分逐漸匱乏。

製造手法的演進也造成了營養流失。太密集地揉擰麵團將類胡蘿蔔素（caroténoïde）

破壞殆盡；而快速發酵、鮮少使用麵種，則讓香氣與維生素的形成受到限制，植酸亦因此難以消退，這種酸對礦物質的同化極為不利。最後，大量使用鹽的後果是，即使麵包的消費數量已相對減少受限（西元一九九五到兩千年間，每日平均一百五十公克），根據法國國家癌症研究院（INCA）在西元兩千年所做的調查顯示，麵包成為讓人攝取最多鈉的食物之一（除了餐桌上的鹽罐之外，占總量的百分之二十五）。

今日，麵包的營養價值重受關注

若仔細審視「全麥」麵包的供應狀況，前一段所陳述的嚴酷事實，卻可能出現極大的反差。還有許多麵包師傅與磨坊麵粉業者，仍持續傳承「好麵包」的營養價值，以營養和美味為基準，特別研製麵粉和材料。

由師傅依照古法手做、符合優質營養的麵包，應含有以下成分：小麥胚芽、糊粉層，以及麵種。

擁有無窮寶藏的小麥胚芽

胚芽中蘊含極為豐富的養分（維生素、礦物質、微量元素），對於麥株的生長不可或缺。在今日，營養學家們已充分了解胚芽的營養價值。

小麥胚芽是相當重要的優質植物性蛋白質來源。這些蛋白質占胚芽的百分之二十九，並且含有豐富的基本胺基酸，尤其以賴胺酸（lysin，又稱離胺酸）和蛋氨酸（methionine，又稱甲硫丁氨酸）最多，呈現出均衡的比例。此外，這些蛋白質的消化係數也堪稱完美零缺點。

小麥胚芽中有百分之九是脂肪，最大的好處來自其豐富的基本多元不飽和脂肪酸

（acide alpha-linolénique，亞麻仁油酸和初亞麻仁油酸）。這些基本脂肪酸占胚芽脂肪總量的百分之七十以上，對人體特別重要。尤其是對成長期之發展，以及保護心血管系統而言，它們扮演著相當重要的角色。然而，在西方飲食中，脂肪酸的攝取常嫌不足。

碳水化合物則占胚芽的百分之四十三，種類繁多，其中既有澱粉質，又有蔗糖、糊精。此外還有纖維素，而植物性纖維有益於消化吸收。

小麥胚芽中的維生素A含量也不容忽視，但最引人注目的還是豐沛的維生素E，以及維生素B群中的大部分元素。舉例來說，比起白麵包，小麥胚芽中含有三倍的維生素B12和八倍的維生素B1。

和所有穀類一樣，小麥胚芽也具有優良特質，擁有適量的磷、鉀和鐵，還含有足量的錳、鎂、鋅，以及許多微量元素。試想，一湯匙的小麥胚芽（八公克）就涵蓋了百分之四十三每日所需的錳含量，以及百分之十每日所需的磷。

神奇的糊粉層

就營養學的觀點來看，糊粉層的價值特別豐富。以小麥而言，即使糊粉層只占穀粒重量的百分之六，卻獨力囊括了：

●整顆穀粒中百分之十六到二十的蛋白質

●百分之三十一的脂肪

●百分之五十八的礦物質

●百分之三十二的硫胺素（維生素B1）

●百分之三十七到八十二的其他種類維生素（B2、B6、菸酸、泛酸）。

糊粉層中濃縮了這麼多珍貴的養分，於是有人稱之為「神奇的糊粉層」（couche merveilleuse）。然而，有一點不可不知：它也含有可觀的植酸（抑制某些蛋白質和礦物

質，如鈣、鎂、鐵、鋅的溶解性，影響這些養分之吸收），以及降低食物消化性的纖維。從組織學的角度來看，糊粉層屬於蛋白胚乳，但由於它緊附在穀粒外殼上，在碾穀時會與外殼一起形成麩皮。

胚芽中富含礦物質、蛋白質、脂肪與維生素。依據穀種不同，可能獨攬絕大部分脂肪和脂溶性維生素E。

麵種作用益處多

用麵種發酵製成的麵包，可以改善礦物質的生體可用率（bio-disponibilité）。麵種有助於活化蛋白酶（protéase，耐受性較穀蛋白好），在此列出它的幾項特性：

●透過乳酸菌和野生酵母菌發酵
●產生有機酸（乳酸與醋酸）
●PH值酸性化
●活化植物性植酸酶
●活化微生物植酸酶
●活化聚木醣酵素（xylanase，增加粘滯性）
●改善升糖指數（index glycémique：即所謂GI值）

就看怎麼說服消費者！

在專業人士的領域，各種改良麵包營養價值的方法競相出籠爭艷，但最大的阻力，卻似乎來自於消費者。事實上，消費者仍強烈偏愛白麵包，在麵包市場上，白麵包的銷

售量占了百分之七十。即使時下潮流傾向食用麵心呈奶油色的產品，但並不能明白確認消費者已做好改變的準備，接受更不一樣的麵包。

此外，在一般大眾心目中，麵包的營養形象似乎不佳。造成這種印象的可能原因有好幾種，但有一部分確實是因為相關資訊混淆了視聽，甚至包括學術報告：一九八〇年時「麵包造成肥胖」，到了一九九〇年，「麵包變得對健康有益」；二〇〇一年時「麵包鹽分太多」，白麵包的升糖指數和白糖一樣高；而在二〇〇四年，白麵包的升糖指數卻又變得「比全麥麵包低」……而根據法國消費者聯盟（UFC-Que Choisir）的檢舉，還有許多情報都不正確。

甚至連醫療單位也不避諱使用白麵包。於是，這些機構所提供的服務，竟然與治療團隊所發布的飲食建議完全矛盾，成為名言「照我所說的去做，而不是跟著我做！」的最佳寫照。

最後，請容我們再次強調：營養品質常與感官享受成正比。若把白色棍子麵包換成麵心呈深褐色，帶點微酸的雜糧麵包，對消費者而言，實在是一舉兩得。

Le pain
au quotidien

日常生活中的麵包

普瓦蘭的早餐。

Comment choisir son pain ?

如何挑選你的麵包？

文：里歐奈・普瓦蘭

憑直覺！

麵包沒有所謂好壞。這種二分法恐怕太粗淺，好麵包當然就是你喜歡的麵包。而每個人對文字的主觀詮釋不同，某些既有說法就顯得浮誇不實。

「外皮酥脆，麵心入口即化」，這是麵包宣揚委員會為好麵包所下的定義。但這種說法──用反差的方式來形容麵心與外皮也不盡理想，因為只揭示出本質上的不同，卻未提供判斷品質的指標，並不能讓人滿意。

不過，蹩腳麵包倒是大致逃不出以下四種篩選標準：

● **體積雖大，重量卻過輕。** 這一點只有拿在手中秤秤看後才感覺得出；

● **按壓時表皮會大片脫落。** 不過，想在店家裡實際操作這一項談何容易；

● **淡而無味，如同嚼蠟。** 但這一點要嚐過了才知道；

● **變硬的速度。** 這點很快就能察覺，不過還是太遲了……畢竟錢都付了，麵包可是不能退貨換新的！

上述的危險徵兆多半需要觸摸、掂量、品嚐，才能測試麵包可保存多久，但這些方式都違背了賣場所堅持的衛生原則。

所以該怎麼辦呢？請購買外皮夠厚實而麵心不會太白的麵包。尤其要像麵包達人一樣，學會從外觀來粗略辨別好麵包。

切開米契圓麵包。

嗅聞識「身分」

每當有人請我吃麵包時，我的第一個反應是湊近深深嗅聞，無論是在自家餐桌上、餐廳裡，還是在朋友家，我的兩個女兒艾波蘿妮亞和雅典娜也都養成了這種本能反應。如果你也這麼做，很快就能學會如何「感受」麵包的品質，用鼻子應該能聞出一種「身分」：微微的酸味、鄉村的豪爽……

其他呢？小心那些過於繁複的「奢華麵包」，唯有相信自己的直覺，才能真正的品味麵包！

Le savoir-manger:
quels pains servir avec quels mets

吃的藝術：
哪種麵包配哪種餐？

文：里歐奈・普瓦蘭

「美食是一門用食物來創造幸福的藝術。」思想家兼歷史學家狄歐多・澤爾丁（Théodore Zeldin）如是說。他是牛津大學教授，也是知名的法國專家。麵包常是美食相關議題的焦點，像是某些特定食物是否與麵包種類有關聯？是否應該依據餐點搭配不同的麵包？

許多令人尊敬的思想家都關注過這個問題，也提出了不少「黃金準則」，但我向來與這些狹隘的規範格格不入，因為它們絲毫沒有傳統依據。

麵包的領域涵蓋全世界，反而因此得以免去「美食」的標籤。麵包博愛大眾，若以嚴格的規矩加以侷限，在我看來是一種偏執。對於麵包，我講求擁有主觀、隨意想像與自由的權力。

小學女生的點心，墨水筆原稿，一九五二年。

色與味

拿一片昨天或前天出爐的麵包（像我製作的那種），約手掌一般大，小拇指一般厚，外皮呈麩褐色，香味微帶酸氣，質感不要過於密實，但也不能空出大洞，然後⋯⋯

- **塗上半鹽奶油，當成小學生的點心**：一種簡樸的吃法。

- **配上一道花功夫卻具鄉野味的菜色**：如白豆燉肉、紅酒燜子雞、勃艮地紅酒燉牛肉等。請仔細品嚐麵包與菜餚間的互補性，這片圓形麵包相當方便，用來伴搭好菜，能加以提佐，延長美味。

- **麵包烤過之後，與精緻食材一起呈現**：如鵝肝醬。這品味並沒有出錯，烤麵包與鵝肝醬（鮭魚也可以）能細膩地完美配合。天然發酵所產生出的酸味，在麵包烤過之後，散發出一種香氣，叫人垂涎三尺，味蕾享受加倍。

在這三種選擇中，同樣一片麵包，各自能完美地扮演不同角色：充飢、配食、引介。這正是我想呈現的。

然而，即使搭配條件能如此寬容隨性，我仍主張食用麵包應遵循某些建議和搭配組合，以下會更詳細說明。

美味組合

請一次提供數種麵包。在我的餐桌上，麵包籃中會放上三至四種麵包。不過也以此為限，否則有過量之嫌，除非那是一場品嚐餐會。

首先是「小麥麵包」，以「萬用」大圓麵包切片，這是基本麵包。

再來是「黑麥麵包」，這種穀糧極具香氣。它的滋味非常新鮮，品質優良者，香味濃郁甚至直逼某些荷蘭煙草！此最高等級的麵包應呈深色，以天然酵母發酵，但這在市面少見。

然後，可以再加上「核桃小麥麵包」。這是一項非常成功的產品，但並非如某些報導所言的由我發明，普瓦蘭只不過在二十五年前再度生產製造，讓它重見天日。頂級小麥的芬芳與核桃的香氣實是天作之合。早在很久之前的古代，幾乎如世界剛創始那般久遠，這兩種食材便已被混合運用。以往，農民食用麵包和核桃

小麥麵包、黑麥麵包、核桃小麥麵包。

（分開吃）就算是一餐飯。我建議，這種麵包可搭配某些乳酪一起吃。

第四種麵包可在當天隨機選取，或由麵包店推薦，以適合你餐桌上的佳餚為主。

那法國棍子麵包呢？它在過去有「狂想麵包」之稱，還酥酥脆脆時或許蠻「誘人」的，不過對我來說，它從來都沒能帶來「感動」。此外，對鄉村菜色而言，棍子麵包的「巴黎味」太重了，並不適合。

鄉村菜需要質地密實、散發果物芳香的麩皮麵包；起士鍋也該使用這樣的麵包搭配；配生蠔時，黑麥麵包則比全麥麵包好；不過吃鵝肝醬時，請大膽配上切片烤過的棍子麵包，或者，更好的選擇是——天然酵母麵包片，這些都比土司麵包好得多，因為天然酵母麵包中的「酸」與鵝肝的「甘醇」很對味。

上什錦乳酪盤時，請選擇簡單且獨特的麵包，才能襯托出乳酪的風格。能稱職扮演這低調推手的優秀角色有：布利麵包（pain brié）或雷恩麵包（pain rennais），分別源自諾曼地和布列塔尼亞。添加了香料（紅辣椒、小茴香）的麵包，就留著搭配鮮乳酪。

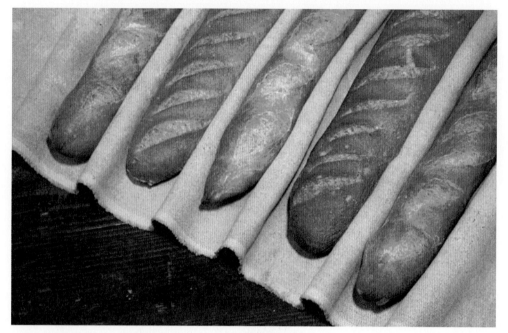

各類棍子麵包。

基本原則：

● **不定期變換麵包種類**：「只吃一種麵包是很奇怪的事，吃久了會膩。」某位叫歐特羅許（Hauteroche）的人士寫道。有這種想法並不稀奇，但能將它寫出來也真是功勞一筆。

● **大的比較好**：這是因為麵團分量大時會較快發酵，酵母作用也能較成功。

● **頂多在食用前十分鐘再切麵包**：避免使用銳利的鋸齒狀尖刀，因為鋸齒會刮出小麵球，破壞麵包的滋味。

● **注意麵包片或麵包塊的厚度**：這對口感與滋味會造成直接影響，料理與建築或流體力學一樣，預計的規模大小不同，實現的方式也會有所改變。

● **在餐桌上，請將麵包放置在籃子中（而非直接擺在餐巾上）**：藤編的麵包籃感覺上比金屬製品來得溫暖，讓人聯想到昔日用柳條編的麵團模子。

● **每兩位客人就要準備一個麵包籃**：讓每個人都能自己取用麵包，不需要麻煩鄰座傳遞。

Comment protéger le pain pour bien le conserver

如何好好保存麵包

文：里歐奈·普瓦蘭

以原木、玻璃和麻布製成的麵包盒，由里歐奈·普瓦蘭構想。
這樣的盒子能同時保存、展示並且分切麵包。

　　如果能夠遵照幾個簡單的規則，一個品質優良的大圓麵包要保存一個星期並非難事。首先，為麵包找一個合適的家，不會受潮溼侵害。

　　在我們這個世界裡，萬物皆有所歸。即使如此，卻還是不得不承認一個事實：當麵包被置放、保存在廚房或餐廳裡時，其食物特性往往未獲確實瞭解，連帶味道品質也未受到尊重。倘若麵包受到悶塞，好比說綁在不透氣的塑膠袋中，就將成為外殼與麵心交互滲透的受害者：麵心中的水分會滲入外殼，造成軟化，便剝奪了外殼的獨特口感。

　　為了保持良好品質，麵包需要呼吸透氣。外殼與麵心各有其特殊滋味，都應獲得保存。也因此，普瓦蘭的大圓麵包都裝在紙袋中銷售運送，而且不密封。

　　我個人另外研發出一種以木頭、玻璃和麻布製成的麵包盒。設計簡樸，卻能納入所有「美食空間」的應有考量。這個構想提供一個令人滿意的方式，能解決麵包收納、保存，以及切片等問題。

當然，還是有許多其他方法也確實為麵包提供了良好的保存環境。舉例來說，像我的祖母會將麵包捲入紙張中，放在大理石板上（切面與石板接觸），然後蓋上一層麻布，每天再把布輕微沾濕。

防潮

現在，假如你已做了所有的防禦措施，但麵包還是發霉了，別沮喪，也別馬上責怪麵包店，原因可能出自於你完全想不到的地方。比方說，麵包不小心或偶然被放在乳酪旁邊。還記得洛克福藍乳酪（Roquefort）的故事嗎？這種帶有藍綠徽點的乾酪，發源背景在喀斯石灰岩區（les Causses），當地的牧羊人會隨著季節變遷上下山。曾有位牧羊人把吃剩的麵包和一塊羊乳乾酪忘在山洞裡，待隔年回到山上，他發現麵包片發霉了，長了一種藍綠色的黴菌。由於他難挨飢餓之苦，便不顧麵包片的詭異外觀，仍吃了下去，卻意外感受到絕佳滋味。多虧了發酵的魔法，造就出第一塊洛克福藍乳酪！

我還記得有一位顧客，個性十分隨和好相處，卻常感嘆家裡的麵包總會發霉。經過詢問，我推測出了結論：他把麵包盒放在一個有點潮濕的櫥櫃中。在我的建議之下，他回家拿出麵包盒，洗乾淨，在太陽下曝曬一陣子，後來就不曾抱怨麵包發霉了。

簡而言之，在某些情況下，麵包發霉是很正常的事。重要的是找出原因。若是有麵包永遠都不會發霉，那才真是讓人擔心不已！

麵包可以冷凍嗎？

可以，條件很簡單：只需將麵包裝進塑膠容器密封，即使只是短暫冰凍也應如此，以防麵包在低溫下脫水，若失去水分，麵包上會出現白色斑點。

唯有在冷凍櫃，麵包才有可能和塑膠搭配得宜！有了塑膠保護，麵包在冷凍櫃裡可以存活得不錯。然而，在與人手接觸之後，表層還是可能化為碎屑，因為麵包的外殼會剝離，而這些徵兆也能幫助你抽絲剝繭，識破人家提供給你的餐用麵包是否曾被冷凍過。

不過，即使冷凍櫃是個解決缺貨問題的好方法，而且在時下十分盛行，但這種方式還是僅僅保留給難以取得新鮮麵包的狀況吧！畢竟新鮮食物的品質和好處都是難以取代的。在好奇心的驅使之下，我曾將一個大圓麵包放進冷凍櫃，不加任何保護，就這麼冰存十年。拿出來的時候，麵包簡直變得像紙張一樣，因為所有的水分都已經消失，變得非常輕，鬆散的質地好比……烤過頭的麵包。

Griller son pain

烤麵包

文：里歐奈・普瓦蘭

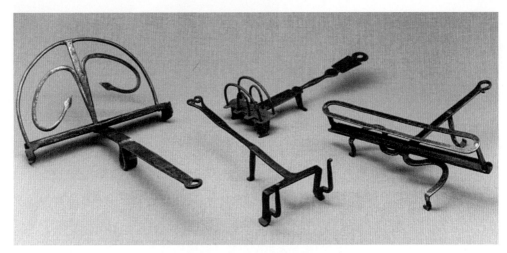

普瓦蘭私人收藏：幾種烤麵包架。

當然可以，而且最好只烤「單面」！

我真高興自己和大家一起生為這個時代的人！這些年來，我常收到各式各樣的評論，有關人們描述自己所喜歡的麵包，以及他們如何喜歡麵包。

幾乎所有人都欣賞新鮮麵包的味道，雖然有些人偏偏對「不太新鮮，切成極薄，再配上一片陳年康塔爾（Cantal）乳酪」的麵包氣味招架不住⋯⋯

有人「偏好外殼金黃薄脆」的麵包，有人則持相反意見：「我喜歡內層皮裡有點燒焦的苦味⋯⋯」

「您為什麼要在麵包上灑麵粉呢？」有些人曾如此質問我，但有另一批人卻「愛極了灑落在麵包表面的麵粉芳香⋯」

一盒「懲罰」酥餅。

　　對於我們的「懲罰」小酥餅，我注意到大家的偏好也如出一轍——各有所好。有些人喜歡「淡黃色」，有些就愛「深褐色」，甚至要求非常深，以至於我們必須特地另外烤上幾盤。既然提到酥餅，我藉機回答一個顧客常對我們提出的問題，我之所以將這種小酥餅取名為「懲罰」，其實是為了紀念曾祖母。每當她呼喊孫輩們來接受懲罰時，我們打開雙手，總有幾塊小酥餅。

　　言歸正傳。在小學生上下課會經過的路上逛一圈後發現，似乎只有一種麵包能讓所有的嘴都滿意，那就是烤麵包。雖然還是一樣有些人喜歡金黃色澤，有些人則要熱度剛好，還有些人只肯吃烤成深棕色的麵包！

　　經我長途跋涉，四處蒐集來的古老烤麵包架，種類極為繁多。這證明了，烤麵包在法國早已行之有年。這些器具展現出驚人的設計巧思，可以架在熊熊爐火上或廚房爐臺，無論烤大圓麵包的大切片或小片吐司，都不會燒焦。

　　直到今日，最好的烤麵包方法，還是用炭火。因為煙燻的香味無以倫比，能滲入麵包切片表面的每一個細孔之中，將香氣牢牢鎖住……

　　如果無法生炭火，那麼請用家電用品烤麵包機！最大型、以紅外線加熱、能讓麵包自動跳出的，這種款式的效果最好，也最快速省時。

　　或者，如果你和我一樣，喜歡「只烤單面」，那也可以利用烤箱中的網架，這麼做能避免麵包片烤得太乾。

技藝與方法

當然，烤麵包並不需要多麼精細的專業技巧。但是，如果不謹慎遵循某些防範措施的話，麵包的美味很快就會流於平凡無奇。現今的「電烤法」已經改良了，讓含在小麥澱粉中的糖分在烤過後會自然焦黃，即使這種方法幾乎提升了所有麵包的口感，但是，平庸的麵包即使烤成吐司，還是一塊平庸的吐司！

不可不知的小秘方……

● **新鮮麵包不如放久了的麵包好烤**：即使是一片已經擱放了兩星期之久的普瓦蘭麵包，經電烤之後，所有的好滋味都回來了，這對不喜歡暴殄天物的人來說可能是一大福音。

● **解凍、熱烤一次完成**：可以把麵包片從冷凍櫃直接取出──只需要多一點耐心。

● **絕對不要事先把麵包烤好**：即使你打算食用前再加熱一次！

● **有兩種麵包完全不適合烤**：黑麥麵包（質感太密而且極易流失水分），以及核桃麵包（因為核桃會出油的緣故）。

● **麵包從烤麵包機取出後，請立即放入餐巾布內**：凝結作用能保持吐司外殼的酥脆和麵心柔軟，還能保溫。

● **餐點應趁麵包還熱騰騰的時候食用**：像是鵝肉醬和肝醬等，這些食物在熱麵包的襯托之下會更加美味。我甚至察覺到，當薄薄的生鮭魚放在剛烤好的燙吐司片上時，還有「煎烤」的效果。

Le plaisir de
faire son pain

親手做麵包
的樂趣

烤麵包，法國，十九世紀德維拉（Devéria）的畫作。

Le goût du pain
fait maison

自家麵包的好口味

文：里歐奈·普瓦蘭

一本美國知名雜誌曾提了一份清單，擬出每個人一生都應該要有的體驗：

● 「掉了」一塊錢，然後被一個小孩「撿到」。

● 搭乘直升機飛越大峽谷。

● 借錢給朋友，從不寄望他何時歸還。

● 種一棵樹。

● 教一班學生。

● 在威尼斯搭乘康朵拉小舟（gondole）漫遊。

● 親手做麵包。

親手做麵包！

當我在自家麵包店完成第一次親手做麵包的人生體驗時，年紀尚輕，但我從未忘記那份「創造」的感覺和成就感，當時整個人充滿了喜悅。

愈來愈多女性和男性都投入親手做麵包的行列。這是因為經濟狀況不好嗎？我不認為。想要來點特殊體驗？有可能，有時確是如此！

但我倒覺得，那是因為這些來自世界各地的「自家麵包師傅」（我認為沒有所謂業餘的麵包師傅）都有個共通點：聽從了一種極為古老的基本衝動召喚，有點類似狩獵、捕魚，或採食野果。

我們隸屬於已開發國家的現代，即使充滿新奇、令人興奮，卻也剝奪了人們以手工製造生產的機會。

這是個過度使用包裝、推購物車消費、開露營車旅行的社會，切斷了我們與農業世

界之間的連結，也摒絕了身體運用、手動接觸，
以及「促進生命循環的產品」。

對孩子而言，那些靠機器「小鉗子」捏夾的
玩意兒，永遠比不上母親親手揉製的一塊麵包令
他滿足。

某次我曾受邀至友人家用餐，有一幕教我十
分感動：女主人原本不好意思在我面前拿出自製
的麵包，藉口說最後一爐烤壞了……然而在經過

受寵溺的小孩，細部。

男主人巧妙貼心的勸說下，麵包終於放入籃中呈上餐桌。

儘管麵包切片的外表確實頗有可議之處。但是，這「烤壞了」的麵包，吃進口中之
後的味道卻遠較工業製品引人入勝！

常常有類似這樣的驚喜發生：「自家」麵包像是邀請你來探尋般，能引發你的好奇
心，我從未吃過兩家相似的麵包。相較之下，現代的「專業」麵包卻印證了人們的「期
待」，多半嚐起來與前一天的產品一模一樣，而且甚至和所有同業的產品相去不遠，彷
彿全天下的麵包店只有一種思考模式似的。

供應自製麵包也是一種必要的經驗。可以在受贈者的眼中讀到：你的手作禮物多麼
有價值。因為烘製麵包這個儀式主要在於「以全身來為產品注入性格」，而麵包這項產

品有一點極為重要的特質：單單它
就能提供人類生活之完整所需。甚
至，可讓人在絕境中存活下來（還
要補充水分）。

麵包具備了所有成分，造就一
個偉大的象徵。

親手烘製麵包，不但能伸展雙
手，更能延伸心靈，將之引領至一
個寧靜祥和的世界，加以庇護。要
烘製麵包非得耐心接受時間的造化
不可，因為「發酵」生命不喜躁進
激狂。就像一位女性「製作」寶寶

點心，維哈薩（J. Veyrassat），十九世紀。

需懷胎九月，但這並不表示，若有九位女性聯手，即可協力在一個月內「造」出嬰孩。

烘製麵包時的肢體和感官要與各個步驟動作結合：眼睛鑑賞膨脹的程度或烘烤出的顏色；手指的接觸不可或缺，藉以判斷混揉是否適中恰當；鼻子則會告訴你發酵的品質；至於嘴，還需贅言嗎？

烘製麵包的過程十分輕鬆平靜，並不會讓人罹患網球肘、沒有嚇人的開銷，而且對鄰居也不會造成困擾破壞……甚至正好相反！

烘製麵包最終教人分享，博愛共濟。

我們手上所創造的是散播和平的產物。

不知是否因此，所以幾個世紀以來，古早的麵包總交由女性來創作？

製作麵包的三項材料：麵粉、鹽與水——一個大圓麵包所需的比例分量。

Faites votre pain

動手做麵包囉！

文：里歐奈‧普瓦蘭

請記住，做麵包並非僅靠「食譜配方」。誠如製造卡蒙貝爾乳酪（camembert）或熟釀香波蜜思妮紅酒（chambolle-musigny）一般，傳統麵包師傅的職志絕不侷限於嚴苛的教條。這個行業所憑藉的是直覺、判斷力，以及經驗主義──也就是說，長期觀察而來的智慧。

重量、溫度、所需時間，這些變因的用途在於提供指示和方向；而這些指標則必須經由「麵包師傅」本人加以「解讀」與「重審」。如果你的烤箱夠大，別猶豫，請依指示分量再加倍，甚至是三倍──大量製造只有好處沒有壞處。

初步踏入麵包界時，請留意事前的各項基本準備措施，並且儘量簡化。

麵團要在室溫攝氏二十五至三十度間的恆溫下處理、擱置發酵，並且避免風吹。醒麵時要用一條麻布覆蓋，「因為水分流失會形成乾皮，而硬皮會破壞麵包烤好後的成色，變得黯淡難看。」

請在幾個小時前就先把材料準備好（或是前一晚也可以）。如此一來，麵粉和水的溫度得以穩定，接近製作地點的溫度。水溫會使麵團溫度上升──理想狀態是攝氏二十六度，絕對不要超過三十度；事實上，溫度愈高，麵團就膨脹得愈大，然而一旦發酵過度，將略為塌陷。懂得拿捏停止發酵的適當時機，正是麵包師傅的技藝之一。

如果你的廚房室溫未達理想的攝氏二十五至三十度，請將麵團置於溫和的熱源附近（例如烹飪爐臺）；相反的，若夏天時室溫超過三十度呢？請找塊涼快的地方，避開酷熱。

　　水溫要控制在攝氏二十六度左右並不難，但換成牛奶就出問題了：到底該不該加熱呢？若你的麵包食譜中同時含有水和牛奶，先將牛奶取出退冰並無濟於事，而是應該將溫水倒入冷牛奶中，「暖調」一下。當食譜只含牛奶時，就必須事先將牛奶從冰箱取出，退冰到室溫。重點是，不該有任何冰冷的成分阻撓麵包發酵。

　　「可是，麵包到底是什麼呢？」行筆至此，我不禁想起一個孩子在參觀麵包店時所提出的問題。童言童語，再率真不過了！那時我回答他：「麵包，就是一種發酵之後，經過處理，再加以烘烤的產品。」僅止於此。

何謂發酵

　　麵包業者的技藝，在於懂得孕育生命——催速或減緩，尤其重要的是，需要明瞭那微乎其微的生命運行，並且隨伺在側，伴之熟成。這裡說的是發酵過程。

　　要親手製作麵包，你必須要先能接納與進入「發酵食品世界」。在這個世界裡，有許許多多的微生物蓬勃發展，辛勤地為各種食物做轉型，如乳酪、葡萄酒、香腸和醃酸高麗菜等。

　　有兩類發酵材料能為你的麵包效勞：酵母（Levain）和麵種（Levure），該如何選擇呢？

麵包，水彩教材，巴黎。

新鮮酵母——成果掛保證

選擇在麵包店裡買的新鮮酵母（另外也有小袋包裝的乾燥酵母）是最簡便的，特別是對初學者來說，這個方法既安全又迅速，酵母能保證成果幾乎每次都令人滿意。

前提一：盡可能減少分量。酵母愈少，發酵時間愈長，麵包就愈好吃。

前提二：酵母和鹽要分開處理。因為兩者「水火不容」，會互相破壞。根據食譜的需求，酵母要融化，鹽巴要溶解，這兩項作業必須在不同的碗中加水或牛奶進行。

酵母屬於外生性（來自麵團「之外」），原生於單一微生物種——釀酒酵母（Saccharomyces cerevisiae，又稱為麵包酵母或出芽酵母）。

麵種——緩慢而細緻

麵種由麵團中的野生酵素接種培養而成，其中所含的維生物種類包羅萬象。麵種雖然作用得比酵母緩慢，但也更精細，更容易消化，不過價錢也比較昂貴。麵種屬於內生性（來自麵團「之內」）。不過，請注意：麵種發酵的細緻，在大量製作時會表現得更出色。

使用麵種的方式如下：從發酵中的麵團取下一塊（根據所希望獲得的效率，選擇發酵程度介於百分之二十五到百分之五十之間），冷藏保存，在隔次、隔日或隔週製作麵包時，揉入新麵團中。

麵種的發酵成果是否良好，直接取決於兩項因素：一是麵種的分量與熟成度，二是麵團的溫度。最理想的發酵溫度在攝氏二十八到三十度之間。學習初期可以先使用溫度計，之後你應該學著用手去感受溫度，學著使用你的「感覺」，學著記住你所做過的事和所得到的結果。

親手「感受」麵團

「親手操作（麵團）完全是一項專精工作。」動作必須柔軟、紮實、充滿愛意，嚴禁任何粗暴。

操作，意味揉麵、成型，然後送入烤箱。

揉麵時要用雙手，但用攪拌機慢速運轉也可以。不過，用攪拌機揉的麵和雙手揉出的麵絕對不一樣。

想知道究竟差別何在，只需拿馬鈴薯來做實驗觀察：三分之一用叉子壓碎，三分之一用杵缽搗碎，另外三分之一則用攪拌機；結果將製出三種不同的薯泥。

怎麼操作，就會有什麼結果，絕非偶然。第一次揉麵之後五分鐘，再輕輕地稍微揉一次，烤出來的麵包會比較漂亮；換言之，「手藝」較佳。相反的，若在成型階段（包括壓平、摺疊、桿開、捲起和拉長）過度「揉擰」麵團，則會造成破壞。

唯有雙手才能感受到麵團的「柔」「實」「軟」「鬆」等特質。拿新出爐的麵包跟上次做的麵包比較，檢討製作手法，下次改進！

柴火烘烤

拿家用烤箱烘焙麵包並不會構成大問題。不管是瓦斯型還是電爐型，只要能以固定的溫度加熱，你的烤箱都會烤出同樣的火候。只有傳統的柴火爐需要比較謹慎精細的「演練」。無論如何，請在送進烤箱的前一刻鐘先預熱，以防麵團在一開始烘烤時就快速乾掉。

烤箱調節在理想溫度（攝氏兩百二十到兩百四十度），傳至麵包內部絕不會超過攝氏九十八度。表殼著色則是麵粉中的天然糖分焦糖化的結果。

現在，該你上場了！你會發現，揉過麵的手雖然會有點痠，自製麵包卻是一項能紓解壓力的活動，而且沒有任何副作用。紐約客就深諳其中樂趣和道理，你無法想像，在那裡有多少人動手製作「自家麵包」！

Les pains classiques à l'ancienne: de la farine, de l'eau, du sel, de la levure et le tour de main

古早味的經典麵包：
麵粉、水、鹽、酵母，
加上絕技好功夫

文：里歐奈・普瓦蘭

　　現在，該是把手伸入麵團的時候了。先從麵包業的基本傳統，那些代代流傳的食譜開始。材料都十分精簡，回歸到最基本的麵粉、水、鹽和酵母（先前已提到，酵母較麵種容易操作）。剩下的就是專注小心與經驗問題，而這些是能學習累積的。請記住這句西班牙諺語：「**最好的麵包來自家裡。**」（Le meilleur pain est celui de la maison）我對這點也毫不懷疑。或許要經過幾次不太成功的摸索試探，但你一定能完成滿意的作品！

小麵包 或
迷你棍子麵包

文：艾波蘿妮亞

製程只需要四到五個鐘頭（包含發酵時間），所以能在宴請朋友晚餐或家庭聚餐的當日製作。

在兩只碗中注入些許溫水。在其中一碗裡將酵母悉心調和溶解，另一碗則用來溶解鹽巴。

將溶解了的酵母、鹽與剩下的溫水摻入麵粉中揉合。

麵團揉成合宜大小，蓋上布，避免直接受風，靜置發酵：
● 如果麵團的溫度在攝氏二十到二十三度間，需要兩個半小時。
● 如果麵團的溫度在攝氏二十三到二十六度間，需要兩個小時。
● 如果麵團的溫度在攝氏二十六到三十度間，需要一個半小時。

放置的地點不要受風，室溫要盡可能接近麵團溫度。
經過這一陣置放後，麵團應該膨脹了三分之一。
現在可以由目測來切分麵團：四份迷你棍子或十六個小麵包。
接下來立即塑型，將麵團桿成長條狀或棍子狀。
在烤盤刷上極微量的油。放上麵團，蓋上布，二度（也是最後一次）發麵：
● 如果麵團的溫度在攝氏二十到二十三度間，需要兩個半小時。
● 如果麵團的溫度在攝氏二十三到二十六度間，需要兩個小時。
● 如果麵團的溫度在攝氏二十六到三十度間，需要一個半小時。

在發酵完成前約十五分鐘左右，將烤箱預熱至攝氏兩百二十到兩百三十度。
用毛刷濕潤麵包團，然後整盤送入烤箱。
根據個人口感喜好和烤箱溫度，烘烤二十到二十五分鐘。
麵包出爐時，再用毛刷濕潤一次。

4支迷你棍或16個小麵包需要：

1. 小麥白麵粉（型號55）500公克
2. 溫水（攝氏二十五到三十度）300毫升
3. 鹽7.5公克（約一個半頂針的分量）
4. 新鮮麵包專用酵母5-6公克（約一粒大榛果之大小）或乾燥酵母粉7-8公克
5. 油少許，用來塗抹烤盤
6. 烤箱
7. 烤盤（35x 40公分）
8. 溫度計（新手初試時備用）
9. 糕點毛刷
10. 量水杯

鄉村麵包

文：里歐奈

幾世紀以來，這一類麵包餵飽了成千上萬個歐洲家庭。鄉村麵包（也可能是極為相似的類型）的蹤跡曾出現在英國、德國、義大利，連西班牙也有，不過沒加鹽。我甚至在中國北方發現過此類麵包，那裡靠近俄國邊界，故素有製作麵包之傳統。鄉村麵包遍布世界，可以烤來塗奶油、蜂蜜，或在早餐時抹上果醬；同樣是烤過之後，也能搭配鮭魚或鵝肝。不過，最重要的好處是——天天吃也吃不膩。

製作時間共需十二至十八小時。所以，請預先在烘烤前一晚進行「第一次揉麵」。取三分之一麵粉，也就是330公克。混入酵母和200毫升的溫水揉和。

蓋上布，避開風口，靜置麵團。

● 如果室內溫度在攝氏二十到二十三度間，需要十四個小時。
● 如果室內溫度在攝氏二十三到二十六度間，需要十個小時。
● 如果室內溫度在攝氏二十六到三十度間，需要八個小時。

經過這段發酵之後，麵團已明顯膨脹。

這時請取適量麵粉，灑在圓型柳編麵包模或襯布麵包籃中，以免麵團沾黏在布上。

然後將以下材料混合揉麵：

● 已揉過一次的麵團
● 剩下的麵粉，約640公克
● 鹽25公克
● 剩下的溫水500毫升

揉出的麵團不應太軟，也不該太硬，需要經過充分醒麵。

將麵團置入灑了麵粉的柳編麵包模或麵包籃中（若想變點花樣，也有合適的柳編模子，可以分搓成兩條長麵包）。然後二度靜置發酵，放置的環境與前次相同，需時三個鐘頭。

在發酵完成前約十五分鐘，將烤箱預熱至攝氏二百二十到二百四十度。

第二次發酵結束後，將麵包翻倒過來，置放在烤盤上。可以用刀子在表面劃上方格，或其他讓你有靈感的圖案。

根據個人口感喜好，烘烤四十至四十五分鐘。

一個圓形麵包或兩個長形麵包需要：

1. 深褐色麵粉1公斤（型號75或85，取自磨坊者尤佳）
2. 溫水（攝氏二十五到三十度）700毫升
3. 鹽25公克（裝滿五個頂針的量）
4. 新鮮麵包酵母1公克（約一顆豌豆大小）或乾燥酵母粉兩公克
5. 烤箱
6. 烤盤（35 x 40公分）
7. 溫度計（新手初試時備用）
8. 柳條編織襯帆布的圓型麵包模子（或用襯上棉麻布的圓型麵包籃代替）

麵粉廣告海報，一九〇九年。

盎格魯薩克森英式吐司

文：里歐奈

十九世紀的英國文學曾多次提及這類麵包。這是一種工業革命下的產物——配合工廠生產線入模烘烤，由於受到封閉限制，反而造就出饒富趣味的麵心質感。就美食觀點來看，這種麵包並不容易讓一般大眾接受，但提供了「換換口味」的選項，而且容易存放。此外，由於麵包中添加了糖和牛奶，相當迎合孩童喜好；很適合用來製作火腿起司吐司（croque monsieur，也可以吃冷的），這款麵包用烤麵包機烤過之後，在早餐中占有一席之地。

文：艾波蘿妮亞

補充一點：實際操作時，為了讓土司片呈現四方形，需要一個有蓋的麵包模子，以便能緊緊密封。如果手邊沒有這樣的現成模具，可以用長型蛋糕模替代，只要用鋁箔紙製作一個蓋子即可，或者，能耐烤箱高溫的肉凍模也可以使用。如果沒封蓋的話，麵包會膨脹凸起。

事先將牛奶和奶油從冰箱拿出退冰，讓牛奶達到室溫、奶油容易操作。
把溫水倒入牛奶中，「溫熱一下」，再將混合過的奶水摻入麵粉中，揉麵。
加入酵母、糖和細鹽。揉麵。揉麵快完成前，加入奶油。
均勻混合後，揉成一團麵球，蓋上布，置於最接近麵團溫度之所在（攝氏二十六至三十度），靜放一個小時。
醒完麵後，麵團應已膨脹三分之一。重新揉成球型後再靜置一個小時。

將麵團均分成兩塊（每塊900公克），塑形放入吐司模中。立即封上蓋子。靜置發酵：
● 如果室內溫度在攝氏二十到二十三度間，需要兩個小時三十分鐘。
● 如果室內溫度在攝氏二十三到二十六度間，需要兩個小時十五分鐘。
● 如果室內溫度在攝氏二十六到三十度間，需要兩個小時。
烤箱預熱十五分鐘至攝氏兩百到兩百二十度。
將麵包模子放入烤箱，根據個人口感喜好，烘烤三十五至四十五分鐘。
從模子中取出吐司，置於烤網上，室溫放涼。

製作兩條英式吐司需要：
1. 小麥白麵粉1公斤（型號55）
2. 奶油100公克
3. 白糖粉50公克
4. 溫水（攝氏二十五至三十度）500毫升
5. 牛奶（室溫）20毫升（200公克）
6. 細鹽20公克
7. 新鮮麵包酵母5-6公克（相當於一顆大榛果）
8. 吐司麵包模（理想尺寸：長約二十六至二十八公分，寬約十至十一公分，高約九至十公分）
9. 烤箱

辮子麵包

文：艾波蘿妮亞

這是唯一一種幾乎在全法國都找得到的麵包，無論是在亞爾薩斯、巴黎地區，還是南部……都在家中自己製作，因為它其實是猶太人在節日時所食用的麵包，所以又稱為安息日麵包（pain de shabbat）。

混合所有材料，揉麵，直到麵團均勻光滑（溫度介於攝氏二十六到三十度之間）。
接著蓋上布，靜置十五分鐘，防止風吹乾燥。

將麵團切成每個兩百公克的小塊（秤重，必要時增減）。
將每塊麵團揉塑成長條狀（如大腸一般），長約三十到三十五公分。利用三條「大腸」麵團，編織成重六百公克的辮子。

然後靜置發酵，蓋上布，防止受風：
● 如果室內溫度在攝氏二十到二十三度間，需要兩個小時。
● 如果室內溫度在攝氏二十三到二十六度間，需要一個小時三十分鐘。
● 如果室內溫度在攝氏二十六到三十度間，需要一個小時。

發酵完成前約十五分鐘，將烤箱預熱至攝氏兩百四十度。
用毛刷將辮子麵團充分沾濕，灑上芝麻粒或茴香籽。
送入烤箱烘烤三十至四十五分鐘，要隨時監控狀況，避免乾焦。

製作三個辮子麵包需要：
1. 小麥白麵粉1公斤（型號55）
2. 溫水（攝氏二十五至三十度）600毫升
3. 鹽5公克（相當於一個頂針的分量）
4. 油70公克（約為一個咖啡杯的量）
5. 蛋2顆
6. 糖粉15公克（三個頂針的量）
7. 新鮮麵包酵母25-30公克（約一粒大榛果大小）
8. 芝麻粒和茴香籽（塑形之後添入）
9. 烤箱
10. 烤盤

全麥麵包

文：艾波蘿妮亞

烤過之後，幾乎搭配任何食材皆美味無比！而且，根據民間流傳的秘方，對「體內淨化」頗有助益⋯⋯

將所有材料調和在一起。既然水是溫的，麵團的溫度應該介於攝氏二十六到三十度之間。

將麵團靜置四十五分鐘，蓋上布，防止風吹。
利用磅秤，均分成四百五十公克的小麵團，揉塑成長條型。

再次靜置發酵（最後一次）：
● 如果室內溫度在攝氏二十到二十三度間，需要兩個小時。
● 如果室內溫度在攝氏二十三到二十六度間，需要一個小時三十分鐘。
● 如果室內溫度在攝氏二十六到三十度間，需要一個小時

發酵完成前約十五分鐘，將烤箱預熱至攝氏兩百至兩百二十度。
將麵團翻轉倒放在烤盤上。
送入烤箱，烘烤四十分鐘。

製作四個全麥麵包需要：
1. 全麥麵粉1公斤
2. 溫水（攝氏二十五至三十度）
   800毫升
3. 鹽20公克
4. 新鮮麵包酵母20公克
5. 烤箱
6. 烤盤

中歐風黑麥麵包

文：艾波蘿妮亞

黑麥麵包曾被稱為窮人麵包、黑麵包，後來又成為生蠔麵包，人們始終無法忽視它的存在。這一款黑麥麵包的香氣十足，若再揉入玫瑰漿果，將更芬芳濃郁，特別適合搭配燻魚料理。

先倒一點溫水在碗裡，溶解酵母。（若要添加玫瑰漿果，可在此時用壓泥器把漿果壓碎）。

拿一只大碗，倒入麵粉（或倒在大理石檯面上也可以），中間撥出一個凹洞，放進鹽（和玫瑰漿果粉末）混合均勻，再倒入已溶解的酵母，一面慢慢加入剩餘的水，一面揉麵，直到麵團變柔軟為止。

蓋上布，靜置發酵一個小時三十分鐘到兩個小時。
捏塑麵團，放入烤模中。
再次蓋上布，靜置發酵，至少兩個小時。

發酵完成前約十五分鐘，將烤箱預熱至攝氏兩百到兩百二十度。
送入烤箱，烘烤四十五至五十分鐘。

將麵包從模子中取出，放在烤網上，不需覆蓋，置放兩小時，讓潮氣散出。

製作一個中歐風黑麥麵包需要：
1. 百分之百篩過的黑麥麵粉500公克
2. 小麥麵粉200公克
3. 新鮮酵母15公克或粉狀酵母7公克
4. 細鹽10公克
5. 溫水（攝氏二十五到三十度）約600毫升；視情況增減，目的在於製作出柔軟的麵團，但不可太軟，也不可太硬。
6. 玫瑰漿果20公克（可有可無，視個人喜好）
7. 耐烤麵包模（或肉凍模）
8. 烤箱

義式麵包

文：艾波蘿妮亞

前提是如果你能找到真正的硬麥麵粉！但話說回來，辛苦會是值得的……這是適合夏天的麵包，呈現金黃稻草色，跟南義水牛乳製成的莫札瑞拉乳酪（mozzarella di bufala campana）會是出色的一對（乳酪可切片做成番茄沙拉，或切成丁灑入百草菠菜芽沙拉）。

硬麥麵粉和鹽用細網過篩於一只碗中，中央撥出凹洞。
將新鮮酵母灑入溫水中溶解。
已溶解的酵母倒入麵粉中央的凹洞中，用手去和麵，揉成一個夠硬的麵團。

在工作檯面上輕輕灑一點麵粉，再將麵團放上去，揉麵二十分鐘左右，直到麵團表面光滑。
拿一只大碗或沙拉盆，抹上一點油。放入麵團翻轉，讓每一面都沾上油。蓋上一層保鮮膜，避免風乾。靜置一小時，讓麵團膨脹一倍。

待麵團初次發酵完畢，在工作檯面上灑少許麵粉，將麵團用桿麵棍壓扁，桿成厚約一公分，面積約二十乘四十公分大的長方形。
從二十公分這一頭開始推桿，記得要壓實。接著桿開四邊，形成一個二十五到三十公分長的麵包。

在烤盤上抹上一點油，將麵包放上去。刷上油。用保鮮膜包覆，避免風乾，放在溫暖的地方（攝氏二十五到三十度），靜置一個小時，讓麵團再次膨脹一倍。
烤箱預熱至攝氏一百九十度。

待麵團發酵完成，打蛋攪勻後，用毛刷將蛋汁刷在麵包表皮上。
送入烤箱，烘烤二十分鐘。從烤箱中取出，再刷一次蛋汁，再烤二十分鐘左右。
取出麵包，置於烤網架上放涼。

製作一個義式麵包需要：
1. 硬麥麵粉500公克
2. 鹽1又1/2茶匙
3. 溫水（攝氏二十五到三十度）300毫升
4. 新鮮麵包酵母10公克
5. 油少許（抹於和麵的碗與烤盤上）
6. 萬用麵粉2-3湯匙（灑於工作檯上）
7. 蛋1顆（使麵包呈現金黃色澤）
8. 烤箱
9. 烤盤

普羅旺斯佛卡夏

文：里歐奈

形狀由你自由選擇：拉長形、圓形或長方形，每一家麵包店賣的都不一樣！但有一點永遠都不會變──麵團上要劃出斜紋開口。正如這份食譜所介紹的，普羅旺斯佛卡夏從中古世紀以來，經歷整個帝國時期，演變得愈來愈豐富，始終是節慶時才吃的奢華麵包。然而，在古代，烤其他麵包之前，麵包師傅會先用佛卡夏來測試烤箱的熱度。

將所有材料混在一起。捏塑出一球麵團，蓋上布，靜置三十分鐘。秤出兩百至三百公克的麵團，拉成橢圓形的樣子，厚度約為一公分。

蓋上布，防止風乾，靜置：
● 如果室內溫度在攝氏二十到二十三度間，需要兩個小時。
● 如果室內溫度在攝氏二十三到二十六度間，需要一個小時三十分鐘。
● 如果室內溫度在攝氏二十六到三十度間，需要一個小時。

發酵完成後，將烤箱預熱至攝氏兩百六十度約十五分鐘。
用刀子在佛卡夏麵團中央及兩側劃出條紋開口。
送入烤箱，烘烤八至十分鐘，請小心監控。

製作六到八個佛卡夏需要：
1. 小麥白麵粉1公斤（型號55）
2. 溫水（攝氏二十五到三十度）700毫升
3. 鹽20公克
4. 新鮮麵包酵母5公克
5. 根據個人喜好，可添加兩頂針量的橄欖油
6. 培根五花肉丁、整顆橄欖等（視個人喜好，可有可無）
7. 烤箱
8. 烤盤

牛奶小麵包

先把牛奶從冰箱拿出，退冰至室溫，並且讓奶油回溫融化。
用少許牛奶將酵母溶化。
將少許細鹽和白糖粉用牛奶化開，再加上蛋。

拿一只碗，混合酵母、鹽、蛋，以及剩下的糖。
將其餘牛奶加入碗中（在這個階段僅用一隻手工作）。將麵粉調
入奶液中，直到混合物變得黏稠並且有些微延展性為止。

這時加入融化了的奶油，攪拌均勻。
將麵團揉成球狀，蓋上布，置放在溫度與麵團溫度最接近的地方
（攝氏二十六到三十度），靜待十五分鐘。

操作一次折麵程序（將麵團翻轉對折），然後置於前述環境，靜
待三十分鐘。

將麵團分秤為六十公克的小塊，捏塑成長形（十到十二公分）或
圓形。
置放於烤盤上（烤盤尚不入烤箱），蓋上布，發麵：
● 如果室內溫度在攝氏二十到二十三度間，需要兩個小時三十
　分鐘。
● 如果室內溫度在攝氏二十三到二十六度間，需要兩個小時十五
　分鐘。
● 如果室內溫度在攝氏二十六到三十度間，需要兩個小時。

發酵即將結束時，將烤箱預熱至攝氏兩百三十度。
用毛刷沾蛋黃或牛奶，仔細刷在小麵包上，並且可用刀子在表面
鑿劃出裝飾圖案。
送入烤箱，烘烤二十分鐘左右。

製作二十四個小麵包需要：
1. 小麥白麵粉1公斤（型號45）
2. 牛奶（室溫）1/2公升（500公克）
3. 奶油250公克（已回溫融化）
4. 白糖粉125公克
5. 蛋2顆
6. 細鹽20克
7. 新鮮麵包酵母25克
8. 烤箱
9. 烤盤

布里歐軟麵包

文：艾波蘿妮亞

能自己做麵包的人就能做出自己的布里歐麵包，我父親曾這麼說。話雖如此，在我第一次「成功」烤出布里歐那天，聽了那些有幸品嚐的人「公正」的稱讚，我還是感到驕傲無比。

事先將牛奶和奶油從冰箱中取出退冰，牛奶要達到室溫，奶油退冰後才好操作。

除了奶油，將其餘所有材料混合在一起，揉麵。
揉麵快結束前，調入變成膏狀的奶油。

蓋上布，靜置十五分鐘，場所的溫度應盡可能接近麵團溫度（攝氏二十六至三十度）。

將麵團分秤為每個七十公克，直徑十公分的圓球，擺放成五瓣梅花形（或依個人想像）。
發麵時間為：
● 如果室內溫度在攝氏二十到二十三度間，需要兩個小時三十分鐘。
● 如果室內溫度在攝氏二十三到二十六度間，需要兩個小時。
● 如果室內溫度在攝氏二十六到三十度間，需要一個小時三十分鐘。

烤箱預熱至攝氏兩百三十度十五分鐘。
將麵包送入烤箱，烘烤二十五分鐘後要儘快從模中取出，置放在網架上，以免塌陷。

製作二十五個小麵包需要：
1. 小麥白麵粉1公斤（型號55）
2. 溫水（攝氏二十五到三十度）300毫升
3. 牛奶100毫升或等量的奶粉
4. 白糖粉100公克
5. 細鹽20公克
6. 新鮮麵包酵母40公克
7. 蛋3顆
8. 奶油250公克
9. 烤箱
10. 烤盤或蛋糕模子

Le croissant, à la croisée de la boulangerie et de la pâtisserie

可頌──麵包與糕點之交集

文：里歐奈‧普瓦蘭

如果說布里歐屬於麵包的世界，可頌則占據了一個特別的位置──麵包與糕點的交會處。

請容我說明得更清楚些：麵包與糕點這兩個行業實在太常合作，以至於有些人將它們混為一談，但事實上這兩者截然不同，完全相反。

麵包師傅的技藝幾乎純粹著重在發酵上，若缺少了發酵過程，就做不出麵包！而做麵包並不講究嚴格的規則，大部分是經驗之談。在我的想法中，麵包師傅就像葡萄酒農，或者更貼切些，好比製乳酪的人。這三者所製作的都是天然發酵食品。

至於糕點師傅，則像是美容專家，對他而言，發酵還可能危害衛生條件。他們藉由調配各類鮮奶油、麵粉、膠質凝固劑、蛋等材料來做糕點，並且需要使用各種油類（比方說，甜柔的杏仁油）；就像香水師一樣，還要顧慮配色和應用不同配方。這個行業講究的是方法，具有科學精神。

很奇妙的是，只有可頌橫跨這兩種領域。既經過發酵（麵包師傅的傑作），又能呈現層次（糕點師傅的專長）。兩派都有資格各把它納入旗下。總而言之，要自己在家製作可頌可能會遭遇太多難題，所以在這本麵包食譜大全中，就沒有位置留給它了……

Quelques idées de pains parfumés

製作加味麵包的好點子

文：里歐奈・普瓦蘭

儘量簡單！

之前所介紹的都是古早麵包的傳統食譜，全是幾乎已登入歐洲文明「法定」殿堂的經典。

這是我刻意的選擇，正好回應《味覺生理學》（*la Physiologie du goût*）之作者布里亞・薩瓦林（Brillat Savarin）這一番金玉良言：「如果，在你的廚房裡，你想做出成功的作品……請儘量簡單！」

好麵包、好乳酪，再配上好酒，這個鐵三角根本不再需要任何其他香料，無論是核桃、橄欖，還是榛果等。

除非是想來點不一樣的、好玩的，來滿足探索的樂趣！為了一次超現實晚宴，我也曾做出藍色的麵包（沒錯，加入可食性色素染色）！

在這種情形下，請著手構想（並且負起創作者的責任），從基本功夫出發：試著用小茴香或甜椒替吐司麵包加味、烤一個摻了橄欖的佛卡夏，或者在麵團中加入乾果、罌粟籽、芝麻、時蘿（cumin）……練習試驗可以無上限，還有蜂蜜、牛奶、啤酒等皆可能成為加料成分，而栗子麵包和玉米麵包當然更不在話下。

據說，若有三種明確且容易辨識的味道，將可以造就和諧，構成完美作品。

以下將提供幾個點子，伴你踏出邁向創意麵包的第一步。

培根麵包

文：艾波蘿妮亞

這種麵包要吃時需要先烤過，再搭配沙拉，或者切成薄片當作開胃菜。

需要稍微提早準備，將培根燻肉切成如小指頭寬的薄片，放上網架烤過之後，去除硬皮，切成小丁（約如綠豆般大），放涼。

在一只小碗裡倒入一點溫水，溶解酵母。
將麵粉倒進大碗中（或大理石檯上），中央撥出凹洞，倒入溶解了的酵母，一面混合，一面慢慢加入溫水和鹽，揉麵至麵團柔軟為止。
這時加入烤過切好的培根肉丁，均勻地揉入麵團中。

麵團蓋上布，避免風乾，靜置發酵一個小時三十分鐘到兩個小時。

捏成長型，然後放進模子。
再度蓋上布，靜置發酵一個小時三十分鐘到兩個小時。

發酵完畢前約十五分鐘，將烤箱預熱至攝氏兩百到兩百二十度。
烘烤四十到四十五分鐘。
從模子中取出麵包，放在烤網上，自然讓水氣蒸發。

製作一個培根麵包需要：

1. 培根燻肉500公克
2. 小麥麵粉500公克（型號110）
3. 新鮮酵母15公克或乾酵母粉7公克
4. 鹽10公克（注意：培根燻肉本身已經有鹹味）
5. 溫水（攝氏二十五到三十度）約300毫升；可酌量增減，目的在於揉出柔軟卻不太軟也不太硬的麵團
6. 烤架
7. 耐烤箱高溫的模子（肉凍模或製作一公斤吐司用的模型）
8. 烤網
9. 烤箱

外加用培根麵包做的
火腿乳酪吐司

le croque-monsieur
de pain au lard

先預熱烤架。每一份火腿乳酪吐司都需要兩片培根麵包，厚度約為小指頭寬。

在第一片麵包上放兩片乳酪，中間夾一片火腿。

在第二片麵包上塗一層薄薄的奶油，然後放上第三片乳酪，乳酪會立即黏在塗了奶油的麵包片上。

將這片麵包放在第一片麵包上，有奶油的那面朝上。

送入烤箱焗烤，小心監控顏色變化（依照個人喜好烤成金黃色）。

趁熱快吃。

兩人份所需要的材料：

1. 四片培根麵包（依上述食譜製作）
2. 兩片火腿薄片，以裹布湯熬者為佳
   （jambon cuit au torchon）
3. 六片艾曼達乳酪薄片
   （Emmental，頂級或瑞士產）或
   帶果香的孔德乳酪（Comté）
4. 如核桃大小的無鹽奶油
5. 烤箱

核桃麵包

Pain
aux noix

文：艾波蘿妮亞

與沙拉和乳酪極搭。不過千萬別再加烤！（因為核桃會出油）。

食譜做法與培根麵包相同，只是把培根燻肉丁改成搗碎了的核桃。此外，在揉麵的時候要加鹽。

製作一個核桃麵包需要：

1. 佩里戈爾區（périgord）產的核桃
   250公克
2. 小麥棕麵粉（farine de blé bise）
   500公克
3. 新鮮酵母15公克或乾酵母粉7公克
4. 細鹽10公克
5. 溫水（攝氏二十五到三十度）約
   350毫升

薄荷麵包

文：艾波蘿妮亞

適合夏天的麵包，可搭配小黃瓜沙拉、冷湯等。

食譜做法同培根麵包，只是將培根燻肉丁改成細切了的薄荷葉。揉麵時同樣要記得加鹽。

製作一個薄荷麵包需要：

1. 新鮮薄荷葉10枝
2. 小麥棕麵粉500公克
3. 新鮮酵母15公克或乾酵母粉7公克
4. 細鹽10公克
5. 溫水（攝氏二十五到三十度）約300毫升

小茴香麵包

文：艾波蘿妮亞

要吃之前先加烤過，味道會變得極出色，拿來配鮭魚和白乳酪最適合。

做法同培根麵包食譜，將培根燻肉改成小茴香的小複葉，事先要挑除枝幹剪下。揉麵時加入鹽。

製作一個小茴香麵包需要：

1. 新鮮小茴香8-10枝
2. 小麥棕麵粉500公克
3. 新鮮酵母15公克或乾酵母粉7公克
4. 細鹽10公克
5. 溫水（攝氏二十五到三十度）約300毫升

薄荷布里歐

Brioche à la
menthe

文：艾波蘿妮亞

可當成茶喫點心。口味可以稍做變換，像是改加杏桃乾（選甘甜不酸者），切成小丁，在第一
次發酵之前就調入麵團。

小碗中倒一點溫水，溶解酵母。
摘下薄荷葉，清洗之後，切碎。

將麵粉倒進大沙拉缽（或大理石檯上），中央撥出凹洞，放入
鹽、糖後，倒入已溶解的酵母，一面混拌，一面逐一打蛋放入。

揉麵，直到麵團柔滑不沾手。
拌入奶油與碎薄荷葉。
再次揉麵，直到麵團表面光滑為止。
此時可蓋上布，靜置發酵一個鐘頭。

重新揉成圓球，然後再發酵二十分鐘。
分切成每個約三百到四百公克的小塊，放進布里歐模子。
蓋上布，讓麵團膨脹一倍。

烤箱預熱十五分鐘，溫度攝氏一百七十五度。
送入烘烤二十到二十五分鐘。

將布里歐從模中取出，置於烤網上放涼。

製作三個薄荷布里歐需要：

1. 小麥麵粉500公克（型號55）
2. 白糖粉50公克
3. 細鹽12公克
4. 新鮮酵母15公克
5. 蛋6顆
6. 奶油200公克
7. 新鮮薄荷7-8枝
8. 小布里歐模子
9. 烤網
10. 烤箱

松露布里歐

文：艾波蘿妮亞

要吃前先加烤過，味道會變得極為出色，拿來配鮭魚和白乳酪最適合。

小碗中倒入一些溫水，將酵母溶解。
松露切成極細的薄片。

將麵粉倒進大沙拉缽（或大理石檯上）。中央撥出凹洞，放入
鹽、糖後，倒入已溶解的酵母，一面混拌，一面逐一打蛋放入。
揉麵，直到麵團柔滑不沾手。

拌入奶油及松露薄片，再次揉麵，直到麵團表皮光滑為止。
此時可蓋上布，靜置發酵一個鐘頭。

重新揉成圓球，然後再發酵二十分鐘。
分切成每個約三百到四百公克的小塊，放進布里歐模子。
蓋上布，讓麵團膨脹一倍。

烤箱預熱十五分鐘，溫度攝氏一百七十五度。
送入烘烤二十到二十五分鐘。

將布里歐從模中取出，置於烤網上放涼。

製作三個松露布里歐需要：
1. 小麥麵粉500公克（型號55）
2. 白糖粉50公克
3. 細鹽12公克
4. 新鮮酵母15公克
5. 蛋6顆
6. 奶油200公克
7. 佩里戈爾區所產之松露80公克
   （或松露碎片亦可）
8. 耐烤箱高溫之長形模
9. 烤網
10. 烤箱

Décors pour pains de fête

裝飾節慶麵包

文：里歐奈・普瓦蘭

要盡量走古典路線！裝飾麵包講求靈巧的指法，需要先接受一定的訓練，還要有正確的審美觀，才不至於誤入歧途。

事先留下一些麵包麵團。加足麵粉，用力地「搓、揉、搗」，直到麵團的質地如黏土般硬實。使用的方法如下：壓平、切割、捲起、搓成長條……這些基礎功練得愈純熟仔細，做出來的裝飾就會愈優雅。

請摒除嘗試幼稚通俗造型的念頭（除非是以小朋友為主的場合）、耍小聰明，或者太莊嚴隆重都不恰當，請盡可能地朝藝術的方向邁進。

像一株麥穗、一束熟麥（永不退流行的題材！）皆是在任何場合都得體的經典圖案。一串結實纍纍的葡萄也不錯。一枝橄欖，也是和平的美麗象徵，但要做到能清楚呈現，算是較難的功夫。名字或姓名縮寫（分加框或無框兩種）能傳達心意，頗受歡迎，而這正是麵包裝飾的本質：雖難以永存，獻上的卻是真心真意。

La gastronomie
du pain

麵包美食學

羅德家的點心時間，W·柯巴赫（W. Kolbach），十九世紀

La gastronomie du pain

麵包的美食學問

　　父親生前常做研究，蒐集各種老饕以美食觀點論述麵包，並且傳達出美好味蕾感受的文章。他一點一滴地建立起一座圖書室，專門收藏與麵包、磨坊和製作麵包業領域相關的書籍，甚至挖掘到許多珍奇的作品和極為古老的文獻。但最後，他卻下了這樣一個結論：「精研味道的專家從來不曾深入關心過麵包的美味。」

　　然而，他認為，麵包在餐桌上的地位與葡萄酒同等重要。

　　「麵包這項產品也是同樣經過研發，已愈來愈精緻，含有豐富的滋味，種類繁多，並且和酒一樣具有以下特性：從用餐開始到結束，在餐桌上始終不缺席。」他又補充強調：「不過，麵包容易被遺忘，酒卻教舌頭變得放肆大膽。」在高雅的晚宴場合中，當人們評論著喝下的葡萄酒，多半發表些溢美之詞時，父親總喜歡順勢誇獎陪襯美酒的麵包。

　　若想嚐到麵包真正的箇中滋味，就應該將它從佐餐的角色抽離出來，視之為一道美味佳餚的主要成分。這一個章節匯集了許多三明治的做法，包括達賀丁（tartine，以麵包片塗抹醬料或托盛菜餚）的食譜，鹹甜冷熱皆有，做法簡易快速（彈指即搞定，吃完後卻能叫你吮指回味）。此外，還有各類湯品和餐點，讓麵包的味道更上一層樓。

艾波蘿妮亞‧普瓦蘭

Le bel heritage de Lord Sandwich

三明治伯爵遺留下的美妙傳統

文：里歐奈・普瓦蘭

　　西元一九九二年，分別來自十個國家的二十六位星級主廚，在普瓦蘭位於畢耶佛的工作坊，為紀念三明治伯爵的兩百歲冥誕，一起參加了一場比賽。大家之所以共襄盛舉，當然一來是為了維繫同僑情誼，而且挑戰的主題實在太吸引人，更是叫他們想大顯身手，發揮創意翻新與提升一樣已經變化繁多，而且無疑是全世界最普遍的產品──「三明治」。

　　那真是一場麵包業與美食界的詩意饗宴，成功將雪白的主廚帽下源源不絕的毅力與想像力表露無疑。若在此未能提及每一位，尚祈摯友們的寬大諒解，更遑論他們其中有些人還創造出盛宴般的三明治大餐，如喬埃・候布匈（Joël Robuchon）！請看看當日三明治的種類有多麼繁多豐富，僅列舉以下幾個例子供參考：馬克・梅諾（Marc Meneau）塗抹香蔥沙丁魚醬的「司鐸」小麵包（pains « choine » au beurre de sardines-fondue de poireaux）；尚-米榭爾・洛林（Jean-Michel Lorrain）的橢圓小麵包搭燉牛尾（pains oblongs au bourguignon à la queue de boeuf）；保羅・博居斯（Paul Bocuse）的大麵包片配小龍蝦（pain large aux petits homards）；尚-保羅・拉貢伯（Jean-Paul Lacombe）的里昂風尼斯小圓堡（pan bagnat à lq Lyonnaise），佐以蒲公英和豬耳朵；傑克・勒・狄維列克（Jacques Le Divellec）的海鮮灶火麵包（fouée de la mer）；亞蘭・杜卡斯（Alain Ducasse）的里維耶拉佛卡夏（fougasse Riviera）；來自舊金山的傑雷米亞・陶爾（Jeremiah Tower）創作出鄉村麵包配普羅旺斯奶油焗鱈魚（pain de campagne à la brandade de morue）；牛津的雷蒙・布隆（Raymond Blanc）獻上豬頭棍子麵包（baquette à la tête de cochon）；而亞蘭・桑德倫（Alain Senderens）則在普瓦蘭麵包上鋪了冬蘿蔔煙燻鰻魚（anguille fumée au railfort）……

　　總之，那好比一座雄偉燦爛的建築，雖然僅僅曇花一現，只為紀念海軍統帥約翰・蒙塔古（John Montagu），也就是三明治伯爵。所有的麵包師傅都該感謝這位大恩人，以我自己為例，畢耶佛的其中一座麵包工作坊就是用這位英國探險家命名，以表達感激之意。這位伯爵是個積習已深的賭徒，根據文學博士菲利浦・普拉尼歐（Philippe Plagnieux）所寫之描述，「**由於對牌局養成貪婪的熱情，甚至教人將牛肉夾入兩片麵包中，直接帶到牌桌上來，以便一手取食，一手繼續牌局。雖然這類餐點在窮人階層早已行之有年，卻由約翰・蒙塔古來賜給它貴族封號。**」文中並補充解釋：「**三明治應該是在西元一七六二年被冠上伯爵的稱號，那正是他最沉迷於牌桌的時期。**」

　　半個世紀以後，西元一八三六年，巴爾札克為三明治敞開了文學大門。在《雇員們》（*Les Employés*）一書中，他寫道：「**拉布汀夫人令人望而生畏，但她想在眾人前表現得仁慈善良，於是（帶來）三明治和奶油醬……**」

　　所謂一餐就是佐以麵包的食物，若說人們都承認這個觀點，那麼似乎能把三明治——配上食物的麵包看成是一種餐點的「顛覆」。這個以基本需求為主而顛倒過來的邏輯，令人愉悅可喜，尤其在麵包業人心士氣普遍受到影響的時期，愈發顯得重要。

　　事實上，導致大家吃三明治的因素頗為悲哀：時間不夠、緊張壓力大、口袋荷包空空，或者甚至三者皆是……總之是因為生活條件不那麼優渥，所以更讓人想待自己好一些。我總認為，一份做得好的三明治，也可以帶來一段非常愉悅的時光（畢耶佛那次聚會也顯示出有力證明）。站在營養學家的立場，他們肯定今日的三明治屬於均衡飲食，

前提是成分中要含有生菜、奶製品、肉類、魚類或蛋類，並且在吃完後補充一份水果。不過，切記飲食均衡是依每日甚或每星期來看，而非單看一份餐點。

因此，一份理想的三明治應經過深思熟慮，細心切片、製作、填夾材料。從採用優良食材開始，讓各類成分相得益彰——特別是在材料簡單的時候：如鮪魚、火腿、熟蛋、番茄和香草等，更要選擇好食材。此外，也要考量食材的質感與滋味，調整出和諧的比例。所有材料不管是講究精緻擺放，或全部慷慨豪爽加入皆可。

三明治要趁非常新鮮的時候快吃，最好在做完的一小時內吃完。這是為了享受嘗鮮，同時也顧及安全，如此一來，三明治才不會受氧化侵襲、不會變潮，也不至於出現其他有損味覺和品質

潔美娜・布雷（Germaine Bouret）的插畫，
二十世紀初。

的破壞。若在小酒館內，三明治應在客人面前現做；在家裡，自己可以發揮創意，親自動手做還能刺激食慾、幫助消化。另外有一項營養學的基本原則要遵照：盡可能變化飲食項目。

在某些場合，應該將快餐的深度稍加提升較為合適。為了享受練習不同風格的樂趣，我會準備一頓有三道菜色的三明治餐。這份菜單頗受友人讚賞。

「隆德三明治」，又稱「麵包三明治」：

● 兩片極薄的黑麥麵包片，塗上奶油，加入一片煙燻鱒魚薄片，當成前菜；

● 兩片小麥圓麵包薄片，塗上適量奶油，只要能蓋滿麵心上的小洞即可，夾入兩片帶骨火腿，當成主菜；

● 最後，兩片極薄的超優小麥核桃麵包，配上乳酪，如瑞士格律耶爾（Gruyèr）與法國莒哈山區（Jura）的當季產品、香檳區的麥耙（gratte-paille）、布里區的皮耶羅勃（pierre-robert de Brie）等。

這份三道菜所組成的簡餐通常很受歡迎。最重要的是，對材料的品質需極為講究，所以要是遇上頂級鮭魚或鵝肝醬（若是用麵種發酵的麵包，則搭配鴨肝較好），千萬不可猶豫錯失，不但要用高貴的食材，還應該選最高級的品質。這正是隆德地區三明治（Sandwich landais）所提供的美味。我總愛把隆德三明治改稱為「麵包三明治」，並且觀察、研究交談對象在享用之前的反應。

三色三明治餐：

初步組合方式與皮耶・達克（Pierre Dac）三明治一樣，兩片麵包中還夾有另一片麵包。中間的那片麵包要比上下兩片還薄，需事先烤過，讓香味散發出來，同時可為整體結構提供足夠硬度（整份三明治的厚度應維持在至多二點五到三公分）。

至於上下兩片麵包，朝內的部分要塗上一層極薄的肥鵝脂肪，然後再加一層上等肝醬，若能夾上一片肥肝更好，還可在這份作品中放上幾片松露也無妨。

此外，有另一種配方也能提供熱食，並且極富創意，不但賞心悅目，更叫人垂涎三尺，既叫好又叫座，那就是達賀丁。我自有處理方式：在烤得十分燙手的麵包上，加上極為鮮涼的食材……不過，這已屬於麵包美食學中的下一章了。

達賀丁被偷了！史戴龍（Steinlen）漫畫，十九世紀末。

Les tartines salées
à la manière Poilâne

普瓦蘭式鹹味達賀丁

文：艾波蘿妮亞・普瓦蘭

在此蒐集了幾份私房食譜，都是適合星期天晚上做的達賀丁點心。做法十分簡單迅速，材料都可在市場購得，或取自家中現有的存糧，甚至是庭院中的香草。重點是，要挑選品質出色的材料，而且需要搭配好麵包。這些食譜都不過短短幾行字，食材的結合與美味卻皆能瞬間提升，而這也正是它們令人回味的不二法門。

除非是不適合加烤的核桃麵包或黑麥麵包，以下所列出的達賀丁，大部分都是我父親里歐奈所稱的「脆品」——「用好麵包好好加烤過的達賀」（請參考本書「日常生活中的麵包」），一定要「趁麵包還燙手」時，鋪上他自己所創意發想的各種配料，全都已事先處理好，在冰箱備藏了幾個小時。

食譜上所標示的分量可做兩個達賀丁（大小約如一個手掌，厚如小指頭，也就是八到十公釐）。顯然一塊達賀丁可以好幾個人共享——當成開胃菜或雞尾酒派對的點心、前餐，或現成的充飢零嘴；根據不同狀況，可以切成一口大小，或做成迷你達賀丁。無論如何，一定都要用手拿著吃！

現在，該你上場了，請親手試試這些食譜，加以採用或延伸，總之，轉化成你自己的食譜吧！

布里歐炒蛋達賀丁

Tartine aux œufs
brouillés sur brioche

這是星期天晚上我父母最愛在家做的餐點之一。他們不採英式的隔水加熱法煮蛋糊，而是用一只厚鍋，塗上一點奶油去炒。若正值時令，鍋裡還可灑入一點松露屑。

母親的朋友們常常提起，她在皇家宮殿花園所舉行的IBU Gallery珠寶店（Irena Borzena Ustjanowski）開幕會，那次可是壯舉：供應每一位客人（一位接著一位！）一盤炒蛋（火候完美無缺！）搭配厚片燻鮭魚和鮮嫩香草沙拉，再配上一片烤過的布里歐，多美味！

蛋打入碗中。

布里歐片放進烤麵包機烤好後，用布包裹，保持熱度。

奶油放入鍋中融化，小心不要焦黃。倒入蛋汁。

開小火，用打蛋器或叉子不停畫8字型攪拌，同時加入鹽和胡椒調味。

等蛋凝固到理想的硬度，立即關火，將炒蛋放在烤好的布里歐上，馬上趁熱食用。

四片布里歐需要的搭配材料：

1. 蛋4顆
2. 淡味奶油2小團（約20公克）
3. 鹽
4. 幾內亞胡椒（maniguette，味道淡雅且非常細緻的灰胡椒）
5. 厚鍋一只，如琺瑯鍋
6. 烤麵包機

冬蘿蔔達賀丁

這份達賀丁的靈感來自於亞爾薩斯地區、波蘭，以及北歐的食譜，也可以搭配燻魚或冷盤肉。
冬蘿蔔奶油必須事先製作，才能達到在燙手麵包上塗抹極冰食材的效果。

事先將奶油從冰箱取出，退冰軟化。
製作冬蘿蔔奶油：
在一只碗中混合冬蘿蔔絲與檸檬汁後，加入奶油揉軟拌勻。
放入冰箱冷藏至少一個小時。

利用這段時間，如果手邊沒有熟煮蛋，就在水中灑一點鹽，煮滾
之後放入蛋，煮七分鐘。將蛋放在水龍頭下沖涼，即可輕易漂亮
地將殼剝掉。
上菜前幾分鐘，將水煮蛋壓碎，放入另一只碗中，以鹽和胡椒調
味。拿出冰涼的冬蘿蔔奶油，利用叉子加入蛋中拌勻。
烤熱土司片，趁燙塗抹冬蘿蔔奶油。

四片吐司需要的搭配材料：

1. 新鮮冬蘿蔔絲30公克

2. 蛋2-3顆（依個人喜好增減）

3. 淡味奶油50公克

4. 檸檬汁1湯匙（避免冬蘿蔔絲氧
   化變黑）

5. 鹽和胡椒

6. 碗2只

7. 烤架

沙丁魚達賀丁

依據你個人的喜好，調整檸檬或酒醋的量，以及決定要不要加芥末醬，或用歐洲香芹（persil）和香葉芹（cerfeuil）來替代細香蔥（ciboulette）。不過，無論如何，一定要仔細混合沙丁魚和奶油，不要太多，恰到好處就行──達賀丁需保有鄉村風味。

如何選擇和料理沙丁魚罐頭，這個動作會決定整份食譜的格調。

先從最簡單的部分（也是我父親認為最有滋味的步驟）開始：
沙丁魚要浸泡在橄欖油中，
去皮去骨，加入檸檬汁、芥末和奶油，瀝掉油之後，
用叉子壓碎（奶油要先從冰箱取出，退冰才好操作）。

將麵包烤熱，趁著非常燙的時候就塗抹醬料，
再灑上一點切碎的細蔥花。
完成後，可嘗試做些變化調整，提升風味。

兩大片麵包需要的搭配材料：
1. 沙丁魚罐頭1盒（100公克，浸泡在初榨橄欖油中）
2. 奶油50公克
3. 檸檬汁（或陳年紅酒醋）幾滴，隨喜好增減
4. 芥末醬1茶匙
5. 細香蔥幾把
6. 烤架

燻鱈魚肝達賀丁

這是一道非常簡易的食譜。父親喜歡在全家吃中飯之前，做來當開胃菜。

瀝除煙燻鱈魚肝罐頭中的油，將魚乾切成厚塊，放在黑麥麵包上。擠上幾滴檸檬汁，磨幾轉胡椒，灑上馬郁蘭（或是奧勒岡），手勢要輕巧。
即可品嚐，就這麼簡單。

兩大片黑麥麵包需要的搭配材料：
1. 柴火煙燻燻鱈魚肝罐頭2罐
2. 馬郁蘭（marjolaine）或奧勒岡（origan）少許（香草）
3. 現磨胡椒

薑味胡蘿蔔達賀丁

Tartine carottes-
gingembre

事先將奶油從冰箱取出，使其退冰軟化。

洗淨胡蘿蔔，削皮，切成薄圓片。

將胡蘿蔔片放入深鍋，加入一半奶油，還有糖，蓋鍋，小火慢煮
七到八分鐘。

利用等待的時間刨薑絲。

將煮好的胡蘿蔔片放入食物調理機攪打，再灑上薑絲和鹽，與剩
下的一半奶油混勻。

烤熱麵包片，趁燙抹上一層厚厚的醬料。

兩大片麵包需要的搭配材料：

1. 沙地胡蘿蔔200公克

2. 嫩薑（刨出一大湯匙的分量）

3. 奶油500公克

4. 方糖1塊

5. 鹽少許

6. 食物調理機

7. 烤架

藍紋核桃麵包達賀丁

Tartine au bleu sur
pain aux noix

父親習慣選用奧弗涅藍黴乳酪（bleu d'Auvergne），因為它是所有藍紋乳酪中鹹味最淡者。不
過，用洛克福（Roquefort）取代也可以，那就要多加點西洋芹。父親喜歡搭配不能再加烤的小
麥核桃麵包。

事先將奶油從冰箱取出，使其退冰軟化。

西洋芹以清水洗淨，削皮，去除纖維粗絲後刀切剁碎。

混合乳酪、奶油和芹菜。

塗抹在核桃麵包上，灑上現磨白胡椒，完成。

兩片核桃麵包需要的搭配材料：

1. 非常軟嫩的西洋芹2把

2. 奧弗涅藍黴乳酪50公克（或依
   個人喜好改成洛克福）

3. 淡味奶油30公克

4. 現磨的白胡椒

勃艮地達賀丁 與
酒香達賀丁

Tartine bourguignonne
et tartine vigneronne

屬於男人的吃法！也是父親偏愛的兩道食譜。尤其是在每年七月，紅蔥頭盛產的季節。若在其
他時節，就挑選外皮密實，包覆完整的蔥。同樣的，父親對酒的品質也十分堅持：「只有用好
食材才做得出好菜。」

事先將奶油從冰箱取出，使其退冰軟化。

紅蔥頭剝皮，切碎，放入炒鍋，倒入酒、糖。
炒出水分，收汁，等葡萄酒被完全吸收之後，熄火，放涼。

在溫溫的紅蔥泥裡，加入鹽和奶油（室溫）。
揉捏成膏狀。
烤熱麵包片，趁燙塗抹醬料。

兩大片麵包需要的搭配材料：
1. 紅蔥頭（杰西島粉紅種，rose
   de Jersey，味道最不嗆辣）
   150公克
2. 紅酒（如：Mâcon馬貢產區）
   一杯半、淡味奶油50公克
   或
   白酒（如：Muscadet sur lie，
   渣泡釀造慕斯卡德）、一杯半
   淡味奶油 100公克
3. 糖少許
4. 鹽少許
5. 炒鍋
6. 烤架

肥肝鹽花達賀丁

若喜歡用半熟的肥肝，鹽量則要減半。

將肥肝切成如小指頭般厚的肝片。
烤架只開上火或下火，讓麵包只烤單面。
趁燙，將肥肝放在烤過的那一面上。

灑上鹽之花與胡椒。視情況也可以放上幾把細香蔥。
大功告成！

兩大片麵包需要的搭配材料：

1. 生鴨肥肝（或半熟肝，視個人
   喜好而定）切成各一公分厚的
   兩等分
2. 一大撮給宏德鹽之花（fleur de
   sel de Guérande，為鹹味最淡
   之鹽花）
3. 白胡椒現磨一到兩圈
4. 細香蔥（非必要）幾把
5. 烤架

生火腿羊乳酪熱達賀丁

Tartine chaude jambon cru
– fromage de brebis

無論是用我們的吐司還是大圓麵包，我父親總是偏執地選用西班牙山火腿（jambon serrano），因為他喜歡搭配歐梭伊哈迪綿羊乾酪（ossau-iraty）時，那入口即化的質感。我的母親則喜歡加一點黑櫻桃果醬。這份食譜可以做成熱達賀丁，或當成火腿乳酪焗烤吐司（croque-monsieur）。

點燃爐火，然後……

熱達賀丁：
每一片麵包上刨灑綿羊乾酪絲，上面再加兩片火腿。
置於烤架上烤兩至三分鐘。
以黑櫻桃果醬裝飾（隨個人喜好）。
趁熱立即享用。

火腿乳酪焗烤吐司：
在每一片麵包上灑一層綿羊乾酪絲，加上兩片生火腿，然後再灑一層乳酪絲。
蓋上第二層麵包，灑上第三層乳酪絲。
送入烤架，監控乳酪逐漸烤至融化變色。

待表面顏色變得金黃（而吐司邊緣還沒烤焦），將烤架移出烤箱（確切時間視個人喜好）。

以黑櫻桃果醬裝飾。
趁熱立即享用。

四片吐司麵包需要的搭配材料：
1. 4片生火腿（西班牙山火腿或拜庸火腿Bayonne）
2. 庇里牛斯山綿羊乳酪（歐梭伊哈迪）40公克
3. 黑櫻桃果醬1湯匙（非必要）
4. 削皮刀或刨絲刀
5. 烤架

春綠達賀丁

這道夏天的食譜（並非僅限在夏天吃）非常清爽，可以事先準備，不必斤斤計較灑多少胡椒和放多少香草（切得愈細愈好），放在冰箱中保持涼意，直到麵包烤得又燙又熱再取出塗抹。

這道達賀丁可隨天候、心情調整變化，像是將軟乾酪（faisselle）換成奶油（50公克）；結合細香蔥和香芹、龍蒿（estragon）、芝麻菜（roquette），還是香葉芹（cerfeuil）與小茴香；或者將水田芥（cresson）、芫荽和香葉芹混在一起；甚至如果找得到，藍繁縷（pimprenelle）也可以！藍繁縷帶有大黃瓜與榛果的香氣，很容易在花園中栽植，卻常遭人遺忘，我父親對此總感到十分遺憾。

以清水洗淨各類香草，用刀切碎。

每種香草取三茶匙，加一小撮鹽，和軟乾酪一起混勻。

烤麵包片，趁熱塗抹。

五味胡椒現磨兩三圈，完成！

兩大片麵包需要的搭配材料：

1. 小葉羅勒（basilic）一把
2. 香葉芹一把
3. 細草（細香蔥）一把
4. 瀝除水分的軟乾酪4大湯匙
5. 鹽
6. 五味胡椒
7. 烤架

畢耶佛達賀丁

Tartine
Bièvre

就算早餐時間匆匆忙忙，也一樣能吃得飽！不過，為求謹慎，記得將煮豌豆後所剩的湯汁保存
下來，以便在壓碎的豌豆「泥」太硬時，可添加稀釋。

以清水洗淨薄荷葉，切碎，得約兩大湯匙分量。

豌豆煮軟，瀝乾水分後至少留下四大匙湯汁，以備稍
後添加。

細心地用叉子壓碎豆粒。然後慢慢加入先前留下的湯
汁、鮮奶油、鹽，以及碎薄荷葉調勻。慢慢攪拌，直
到稠度適中。

烤熱麵包，趁燙塗抹醬料。

食用時可以（微量）灑上艾斯培列特辣椒粉。

兩大片麵包需要的搭配材料：

1. 燜煮用的極嫩豌豆顆粒180公克（瀝乾水分
   重量）
2. 新鮮薄荷與胡椒薄荷葉數片（切碎後約兩大
   湯匙分量）
3. 低脂生乳鮮奶油（crème fleurette）20毫升
4. 鹽1小撮
5. 巴斯克艾斯培列特紅辣椒粉
   （piment d'Espelette）少許（非必要）
6. 烤架

普羅旺斯黑橄欖醬達賀丁

Tartine de
tapendade

也可以選用綠橄欖——皮丘利種（picholine），成熟前即採收，養分不是那麼豐富，鹹味卻比
較濃郁。請根據個人需求喜好，自行調整。

將大蒜去皮，切碎。橄欖去籽。瀝乾鯷魚油漬。

用搗缽或食物調理機將橄欖、鯷魚、辣山柑、大蒜和
檸檬汁攪拌打碎。嚐味之後增減檸檬汁或醋。

清洗羅勒葉，用刀略切，稍後使用。

烤熱麵包，趁燙塗抹醬料。

達賀丁上澆淋少許橄欖油（若帶羅勒香氣則滋味更
佳），灑上羅勒葉片。

若要講究一點，可擺放幾片油浸番茄點綴。

兩大片麵包需要的搭配材料：

1. 黑橄欖（尼昂產，de Nyons）約20粒
2. 刺山柑（câpre）一大湯匙平匙
3. 橄欖油油浸鯷魚（anchois）4-5條
4. 極優質橄欖油1湯匙（以羅勒調味者尤佳）
5. 平葉香芹幾把或羅勒葉3片
6. 大蒜1瓣（土魯斯產，de Toulouse，當然最好
   是要當季新鮮貨）
7. 檸檬汁酌量（依個人喜好定量）
8. 油浸番茄1個（非必要）
9. 搗缽及棒杵（或食物調理機）
10. 烤架

Les tartines sucrées
à la manière Poilâne

普瓦蘭式甜味達賀丁

文：艾波蘿妮亞·普瓦蘭

圖：史戴龍（Steinlen）

牛奶甜醬達賀丁

Tartine à la
confiture de lait

我還記得父親首度發現了牛奶甜醬，興高采烈地回家進門來那天。當他對我們描述這道來自南美洲的食譜時，臉上那副饕客的陶醉表情，教我難忘。在製作牛奶甜醬時（在哥倫比亞被稱為「煉乳糖漿」：[arequipe]；在阿根廷則叫做「焦糖牛奶」：[dulce de leche]），必須小心監控火候，就像在鍋上煮奶水時一樣。

實際操作之後，我們甚至發現，製作牛奶甜醬需要動用一整隊麵包工坊的人力、極大的耐心、體力精力，不但要長時間守候（倒是可以輪流上陣），還要抵耐得住高溫，隨時警覺，才不至於讓滾燙的泡沫一下子就滿溢出來……整個過程相當累人，但辛苦非常值得！

在鍋中倒入糖、小蘇打粉和牛奶。
邊攪動邊用高溫大火熬煮，至少兩個小時（最低限度！），
在這段時間內需不停以木製湯匙畫8字型攪動。
目的在於使牛奶蒸發，讓汁液變稠。
等醬汁冒出小珍珠泡泡，呈現金黃色，而且用湯匙攪動感到
阻力時，熄火，裝罐。
塗抹在烤過後溫熱的麵包片上。

製作兩罐350公克的牛奶甜醬需要：

1. 全脂牛奶1公升
2. 紅蔗糖330公克
3. 小蘇打粉酌量（以小茶匙尖端挑一點點）
4. 煮鍋
5. 烤架

「童年再現」巧克力達賀丁

似乎不管哪個世代，每個人都曾在放學回家後吃過這道簡單的點心……

麵包片上塗抹厚厚的奶油。
用削刀將巧克力削成一大片一大片，灑滿整塊麵包。

細細品味，請人嚐嚐，共享美味……

兩大片麵包需要的搭配材料：

1. 4條黑巧克力，可可亞純度70%
2. 淡味奶油（或半鹽奶油，依個
   人喜好而定）330公克
3. 削刀

棕色粗糖佛朗德風達賀丁

Tartine flamande à la
vergeoise brune

適合拿來當成冬天寒日裡的點心，配上一杯暖呼呼的濃純熱可可……味道和成色都能加以變化：像用金黃粗糖做出來的一樣入口即化，但味道比較清淡（都以甜菜製成，但煮糖的時間較短）；或者，用粗紅糖、結晶蔗糖，散發蘭姆酒的風味也不錯。

奶油事先從冰箱取出，使其退冰軟化。
麵包片塗上奶油。
灑上大量粗糖。
放入烤架上火焗烤，棕黃粗糖只需幾秒鐘，粗紅糖則需幾分鐘，要小心監控達賀丁的邊緣，別讓麵包燒焦。
趁熱享用。

兩大片麵包需要的搭配材料：
1. 棕色粗糖或金黃粗糖（或粗紅糖）50公克
2. 半鹽奶油30公克
3. 烤架

玫瑰花瓣達賀丁

Tartine aux
pétales de rose

這道食譜必須在前一天事先準備。

事先將奶油從冰箱取出退冰，軟化之後才好操作。
在肉凍模最下方鋪上一層厚厚的玫瑰花瓣，然後擺上奶油，再用剩下的花瓣覆蓋。闔上封蓋，在室溫下靜置一夜，讓花香滲入奶油中。

隔日，取出最上層的花瓣。
在黑麥麵包上（不可烤熱）塗上奶油。
講究精緻者，可在達賀丁上放幾片花瓣裝飾，而花瓣也可食用，但需細心摘除底端白色的部分，否則會有苦味。

四片黑麥麵包需要的搭配材料：
1. 玫瑰花瓣（香氣十分濃郁者）一把
2. 淡味奶油100公克
3. 可加蓋的模具（如肉凍模）

棕色粗糖佛朗德風達賀丁

鞏德乳酪焦糖蘋果達賀丁

Tartine comté –
pommes caramels

別膽怯害怕：焦糖會自動成形（幾乎是啦！）。唯一比較難應付的是判斷焦糖成形的時機，不能太稀（倒也不太嚴重），也不能太厚——但這也有辦法補救：小心一面加水進去，但要留意滾燙的泡沫可能引起小噴爆！一面添加白糖。

將鞏德乳酪切成空心圓片，放置一旁待用。

蘋果削皮，分切大塊（一個蘋果切六塊），抹上檸檬汁，以免變黑；置於一旁待用。

平底鍋開小火，準備熬煮焦糖：放入奶油融化，加入糖，讓糖逐漸變紅，成為焦糖，不必攪動。

一旦焦糖成形，將抹了檸檬汁的蘋果塊放入，一邊滾動沾裹焦糖，煮三分鐘。可趁這時將麵包烤熱。

在烤得燙熱的麵包片上，擺放一層乳酪片，然後放一層溫熱金黃的焦糖蘋果塊。最後再淋上少許焦糖汁。

趁熱享用！

兩大片麵包需要的搭配材料：

1. 帶有果香的鞏德乳酪100公克
2. 蘋果2顆（如gala品種）
3. 白方糖12顆左右（或砂糖110公克）
4. 檸檬汁（一顆檸檬的量）
5. 鹽味奶油30公克
6. 平底鍋
7. 烤架

過期麵包

「不可以把麵包丟掉！」

這樣的美味點心也可以配果醬來吃（比方說，苦澀橘子醬），楓糖漿也是個好選擇。

取一只深盤，打入蛋，加入冷牛奶和兩大湯匙的白砂糖（有肉桂粉的話，可在此時也一起加入）。

用叉子用力攪打。

平底鍋內放入奶油融化。

將一片過期麵包放入盤中吸取混合蛋汁—小心不要放太久：可別讓麵包四分五裂！再用叉子壓出水分，放入冒出細泡的奶油中。

煎成金黃色之後翻面。

等兩面都呈現漂亮的金黃色後，灑上一點砂糖即可享用。

兩大片變硬了的麵包需要的搭配材料：

1. 蛋2顆

2. 牛奶6大湯匙（200毫升）

3. 白砂糖3大湯匙

4. 淡味奶油20公克

5. 肉桂粉1小撮（非必要）

6. 平底鍋

7. 深盤

Les soupes
au pain

麵包湯品

文：艾波蘿妮亞‧普瓦蘭

獨桅帆船上水手們的一餐，A‧布朗（A. Brun）版畫，十九世紀。

湯類的菜色深具鄉野風味，使用人人垂手可得的食材，表現出「提味加分」的效果，不僅讓人有飽足感，而且營養豐富。幾個世紀以來，湯品始終是生活中最單純又不可或缺的食物。只要搭配好麵包，湯品就能呈現出多種精緻面貌，十分貼近父親喜好的品味。

我父親對自己為忙碌人士所發想出的各種達賀丁創意食譜，確實有著一份特別的情感，但他也將主要的麵包湯品食譜納入蒐集。在此僅提供幾道，全部皆原汁原味，忠於父親的做法。

焗烤洋蔥湯

Soupe à l'oignon
gratinée

早在法國的批發市場遷移到胡季斯（Rungis）之前，洋蔥湯已從里昂「北上」至巴黎雷哈勒（Les Halles）的中央市場，並且成為經典湯品。在工作了一整夜之後，於大清早時喝下它，能讓人精神為之一振，而且（據說）能避免狂歡暢飲之後的口乾舌燥。

這裡提供的食譜加有白酒。喝湯時可搭配口感清爽的不甜白酒，如席瓦納（Sylvaner）或梭維濃（sauvignon）。另有一種變化做法能讓湯的成色更鮮豔：以紅酒取代，並且加入牛肉清高湯（bouillon de boeuf）或蔬菜牛肉湯（pot-au-feu）。

將乳酪刨成絲，待用。

洋蔥去皮，切細後與奶油一起放入鍋中，開小火，不時翻攪，炒成金黃色。

等洋蔥絲變得金黃，灑上麵粉，攪拌，炒成微微的焦紅色（不可過頭焦黑！）

加入白酒，等待收汁。

利用這段時間，將水煮開，加入雞湯塊。然後，將高湯倒入白酒洋蔥麵糊中。

轉開大火，煮滾十五分鐘。加入鹽與胡椒調味。

烤熱麵包片（只烤單面），並且放入燉鍋或陶碗的底部。

將乳酪絲灑在麵包片上。

淋下高湯料（最好不要過濾）。

放入烤箱焗烤。注意監控顏色，等變得金黃之後，趁滾燙享用。

四人份的所需材料如下：

1. 洛斯寇夫洋蔥（oignons de Roscoff）200公克
2. 奶油30公克
3. 麵粉30公克
4. 不甜白酒（vin blanc sec）1杯
5. 鮮雞高湯塊1塊
6. 水1又1/2公升
7. 艾蒙達乳酪絲（Emmental râpé）200公克
8. 麵種發酵麵包4片
9. 鹽與現磨胡椒
10. 平底鍋
11. 深鍋
12. 烤麵包架
13. 耐烤的燉鍋或土陶碗

大蒜麵包湯

這道食譜似乎來自雷昂地區（Léon，位於布列塔尼亞），而非洛特烈克（Lautrec，塔河流域，le Tarn），這兩個地方都是大蒜之都，但我父親很可能在食譜中又添加了他的個人風格。

深鍋裝水煮滾，加入雞湯塊。
一瓣一瓣地剝下大蒜，放入高湯中，煮滾十五分鐘左右。
烤熱麵包，放入湯盅底部。
在碗中打一顆蛋，將蛋黃和蛋白分開，輕輕打散蛋黃。

將高湯過濾，緩緩倒入蛋黃汁中，同時不斷用打蛋器攪動。
加入鹽，灑上現磨胡椒。
把湯汁淋在湯盅裡的烤麵包上，即可享用。

四人份材料如下：

1. 麵種發酵麵包4片
2. 粉紅紫色大蒜1整顆，愈新鮮愈好
3. 高鮮雞湯塊1塊
4. 水1公升
5. 蛋黃1個
6. 鹽和胡椒
7. 深鍋
8. 烤麵包機
9. 碗
10. 打蛋器
11. 湯盅

奶蛋麵糊

「奶蛋麵糊濃湯，在幾個世紀以來，餵飽了所有法國人民，無論是白天打零工的、種田的農民，還是布爾喬亞階級。」父親如此寫道。

用烤麵包機將過期麵包烤熱，然後切成小丁。
切一小塊奶油放入鍋中融化，加入乾麵包丁煎炒。
灑上鹽，加入與室溫溫度相同的水。
以小火慢煮至少一小時，在這期間加入剩下的奶油。
享用時加入鮮奶油。

一人份所需材料：

1. 過期硬麵包1片
2. 給宏德產鹽（sel de Guérande）
   1小撮
3. 水1/4公升
4. 奶油1大塊（約20公克）
5. 鮮奶油（crème fraîche）1大湯匙
6. 烤麵包機
7. 深鍋

Les recettes liées au pain

與麵包有關的食譜

文：艾波蘿妮亞·普瓦蘭

家庭晚餐，哈格（J.P. Haag），版畫，一八八四年。

　　這裡所記錄的三道食譜都是在麵包美食範疇邊緣的菜色，具有麵包與麵包業界的技術、情感，甚至詩意。其中有兩道分量十足，當成一份全餐也夠飽。烹煮時要溫柔和緩，品嚐時自然滿懷敬意；另一道食譜則將放久了的麵包變身為蛋糕。顯然的，這幾份便於招待客人的食譜，源自人們還有空親手做菜的年代。今日，大概只能將人數限制在一桌親朋好友，在某個寒冬的週末，或假期中的雨天，此類大家都願意捲起袖子幹活的時候。

馬鈴薯蔬菜麵包爐烤鵝

為什麼叫「麵包爐烤」（Baeckeoffe）？為了單純享受樂趣，我父親說。這個字的起源多半要歸功於「麵包師傅的想像」，字義是「麵包師傅的烤爐」。麵包師傅常利用烤完麵包的餘熱，在烤爐中放入一大淺陶盆的肉類、馬鈴薯與蔬菜。這份菜餚是亞爾薩斯區的婦女，在望彌撒之前、洗衣日早晨，或到農田中工作時，在家先準備好帶來請師傅烤的。陶盆慢慢地悶烤幾個小時，直到婦女們來領取，帶回去滿足一家大小的溫飽。

在烹煮的前一天，就要先將豬肉（排骨肉和豬胸肉）、小牛肉去油，切成薄片，並且將蔥白洗好切碎，混合香草葉綁好，以上所有材料與刺柏果一起浸入白酒之中，要浸泡二十四小時。

烹煮當日，在用餐前約五個小時，製作好麵包麵團，用來封堵在蓋子和陶盆之間，讓材料完全隔絕外界空氣。

製作麵包麵團：
將麵粉倒入大盆中或直接倒在大理石檯面上，中央挖出凹洞，灑鹽（能讓烤好的麵團呈現漂亮的金黃色），緩緩注入水，充分混合後靜置十五分鐘，讓麵團更容易操作。接著將麵團揉桿成長條狀，長度要夠圍陶盆一圈。
烤箱以中溫預熱（攝氏一百六十到一百八十度）。
馬鈴薯和其他蔬菜清洗乾淨，去皮，分別切成細條。洋蔥剝皮後切成細圓圈。所有材料放置一旁備用。

將肉和蔬菜分別從白酒醃汁中取出，過濾汁液。
材料交錯疊放在陶盆內，調味：洋蔥圈放在最底層，接著是馬鈴薯、紅蘿蔔片、蔥白，然後是豬胸肉薄片；重新開始鋪放蔬菜，再加上鵝肉（未經醃浸），接著用剩下的蔬菜重新鋪放，加上其他肉類。
最頂層以小牛腳收尾，上面再鋪上一層蔬菜，然後淋上醃汁，汁液應該要滲透到最底層。
將長條麵團沿陶盆邊緣置放，圍繞一整圈，然後闔上蓋子。
送入烤箱。仍舊以中溫慢烤，烹煮三至四個小時。
將陶盆拿上桌，請主客打碎麵團圈（稱為「封麵」），趁熱一同享用。

六到八人份所需材料：
1. 豬排骨肉（去骨）500公克
2. 煙燻豬胸肉500公克
3. 冷水煮熟小牛肉500公克
4. 切塊鵝肉（如鵝背肉）500公克
5. 小牛腳（對切成兩個長塊）1隻
6. 大蔥蔥白2段
7. 漂亮的淡黃色洋蔥4顆
8. 質地鬆軟的馬鈴薯（如Belle de Fontenay或charlotte種）1公斤
9. 紅蘿蔔500公克
10. 圓蘿蔔2-3顆（視大小而定）
11. 西洋芹2根
12. 刺柏果（genièvre）數顆
13. 混合香草（香芹、百里香、月桂）一大把
14. 鹽和胡椒
15. 白酒（如席瓦納）1瓶
16. 做麵包的麵團500公克（用來密封長型陶盆）或麵粉500公克、水一杯半與鹽少許
17. 大的耐烤加蓋長型陶盆1只

湯汁脹麵團

Mique
levée

照我父親的說法，「以黑色貝里戈爾地區（Périgord noir）傳統」 烹煮的湯汁脹麵團最好吃。幾個世紀以來的星期日，人們總圍聚在餐桌旁，期待著這份「禮拜日特餐」，因為脹麵團可是不等人的喔！

如果竟然恰巧有剩，還可以利用它來準備下一道餐點：切成片，在平底鍋內用鵝的油脂煎成金黃色，鋪上烤香芹葉當成前菜，或者灑上糖粉當成甜點。

製作這道菜的第一個階段應該全程在溫暖的環境下進行（攝氏二十到二十二度）。

事先將奶油或鵝油從冰箱取出退冰軟化。

用餐前六個小時，拿一只小碗倒入一點牛奶，溶解酵母。

麵粉倒入沙拉大盆中（或大理石檯面上），中央撥出凹洞，倒入溶解後的酵母。著手揉麵，一面揉，一面將蛋汁、奶油或鵝油、鹽和奶水分別加入，慢慢揉勻。揉到麵團不黏手，就算完成。

將麵團揉圓，蓋上布，在溫暖的環境下（攝氏二十到二十二度）靜置五個小時左右。

利用這段時間，以建議的豬肉部位和傳統蔬菜熬煮成蔬菜肉湯，要用燉鍋慢熬至少兩小時。

上菜前四十五分鐘，將麵團放入高湯裡，四周以蔬菜圍繞，一起烹煮。

熬煮結束之前，請小心監控，或可拿長針戳試，以免錯過最佳時機，當取出長針不帶任何沾黏時，就表示剛好。若錯過時機，麵團可能會塌陷，或吸入湯汁。

將脹麵團擺在中央，四周加上豬肉和蔬菜，高湯另外盛裝。每一份餐搭配一片新鮮好吃的麵包。

六到八人份所需材料：

1. 麵粉500公克
2. 奶油或鵝的油脂100公克
3. 蛋3顆
4. 牛奶1又1/2杯
5. 麵包用酵母10公克
6. 鹽1大撮

蔬菜肉湯（pot-au-feu）材料：

1. 豬肘子（jambonneau）、豬肩肉（palette）、豬肋排（plat de côtes）
2. 傳統肉湯中所使用的蔬菜（圓蘿蔔、紅蘿蔔、大蔥和馬鈴薯等）

麵包蛋糕

製作這種蛋糕需要先動一點腦筋把事情安排好，不過做好之後，足以餵飽一軍隊的餓鬼呢，而且放到隔天會更好吃。可以有很多種類變化，像是用一百公克杏桃乾（abricots secs）切碎，或用黑巧克力碎屑（兩百公克整，巧克力的用量絕不能小氣！）取代希臘柯林特葡萄乾（raisins de Corinthe）。在等待蛋糕烤好的時間，邊製作英式奶醬來佐配是個好主意，或用一球香草冰淇淋也不錯。

食用前約三個小時，拿一只深盤，倒入半公升牛奶，然後加入蘭姆酒（若有的話）。將香草豆莢沿長邊剝開，刮出莢肉，放入牛奶中溶解，剩下的空豆莢也一併放入。將過期麵包切成薄片（厚度兩到三公厘），放進香草牛奶中，再加入葡萄乾。浸泡兩個小時左右。

上桌前一個小時，將烤箱預熱至攝氏一百八十到兩百度。

沙拉盆中打入五顆蛋。加入一百五十公克的糖與剩下的半公升牛奶，用力攪打，直到汁液變成細緻的慕絲狀。加入香草牛奶和其中的麵包跟葡萄乾（先取出空豆莢），混勻。
將材料放入模型中，灑上剩下的五十公克粗糖。
烘烤三十分鐘左右。

趁這段時間，製作英式奶醬當佐料。
烘烤結束前，小心監控蛋糕熟度，用刀尖刺刺看，取出刀後不應該有慕絲狀的感覺，但蛋糕仍必須柔軟才行。

從模中取出，放涼，切成方形分享。可溫熱食用或吃冷的。

六到八人份所需材料：

1. 以天然酵母製成，置放了兩、三天的不新鮮麵包（就是要那股微微的酸味）300公克
2. 金黃甜菜粗糖（sucre vergeoise blonde），若喜歡較強烈的風味，則可選用棕色甜菜粗糖200公克
3. 全脂牛乳1公升
4. 蛋5顆
5. 希臘柯林特葡萄乾，或其他種類果乾，切碎成葡萄乾大小100公克
6. 波旁香草豆莢（vanille Bourbon）1條
7. 白蘭姆酒半小湯匙，也可用老蘭姆酒，味道較甜（非必要）
8. 正方形或長方形模（耐高溫的矽膠產品尤佳）
9. 烤箱

Tel grain,
tel pain

什麼麥穀
做出什麼麵包

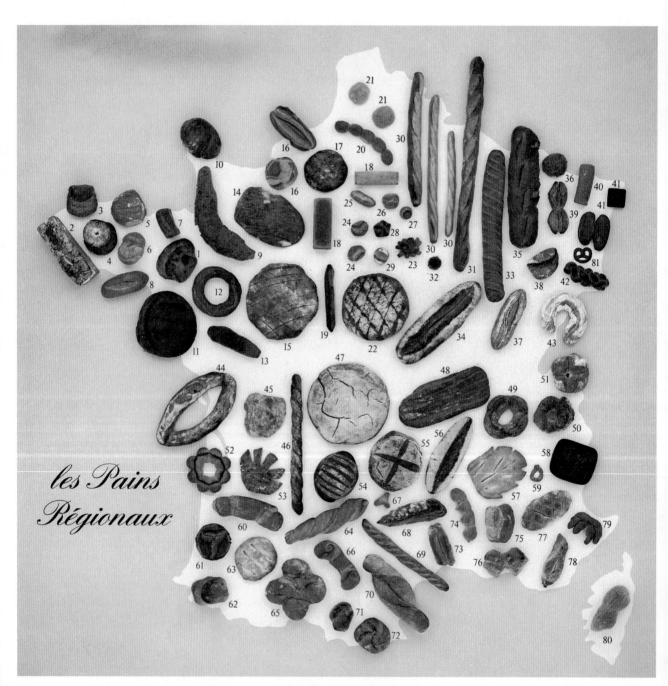

les Pains
Régionaux

法國各地的麵包

Les pains régionaux français

法國各地的麵包

1. 對折麵包（Le pain plié）

2. 密許麵包（Le bara michen）

3. 墨雷斯麵包（Le pain de Morlaix）

4. 帽子麵包（Le pain chapeau）

5. 波尼瑪特（Le bonimate）

6. 米侯麵包（Le pain miraud）

7. 鮭魚麵包（Le pain saumon）

8. 蒙西克（Le monsic）

9. 絞棒麵包（Le pain garrot）

10. 雪堡麵包（Le pain de Cherburg）

11. 船型麵包（Le pain bateau）

12. 環模麵包（La couronne moulée）

13. 土爾通（Le tourton）

14. 調刀麵包（La gâche）

15. 雷內麵包（Le pain rennais）

16. 布利麵包（Le pain brié）

17. 湯用麵包（Le pain à soupe）

18. 吐司麵包（Le pain de mie）

19. 馬格利麵包（Le maigret）

20. 攝政時期麵包（Le pain Régence）

21. 大學帽麵包（La faluche）

22. 波卡麵包（Le pain polka）

23. 朝鮮薊麵包（Le pain artichaut）

24. 鼻煙盒小麵包（Le petit pain tabatière）

25. 司鐸小麵包（Le petit pain choine）

26. 奶油小麵包（Le petit pain pistolet）

27. 奧微涅小麵包（Le petit pain auvergnat）

28. 皇帝小麵包（Le petit pain empereur）

29. 米侯小麵包（Le petit pain miraud）

30. 隨想麵包（Pain de fantaisie）

31. 酒商麵包（Le pain marchand de vin）

32. 貝諾通（Le benoiton）

33. 香腸麵包（Le pain saucisson）

34. 裂縫麵包（Le pain fendu）

35. 矮胖麵包（Le pain boulot）

36. 核桃麵包（Le pain aux noix）

37. 帶飾麵包（Le pain cordon）

38. 鼻煙盒麵包（Le pain tabatière）

39. 一元麵包（Le sübrot）

40. 葛拉罕麵包（Le pain Graham）

41. 德式黑麥麵包（Le pumpernickel）

42. 編織麵包與辮子麵包

　　（Le pain tressé et le pain natté）

43. 馬蹄鐵（Le fer à cheval）

44. 項鍊麵包（Le pain collier）

45. 灶火麵包（la fouée）

46. 繩繞麵包（Le pain cordé）

47. 黑麥麵包（Le pain de seigle）

48. 鐵路麵包（Le pqin chemin de fer）

49. 王冠麵包（La couronne）

50. 布格王冠（La couronne de Bugey）

51. 沃德麵包（Le pain vaudois）

52. 波爾多王冠（La couronne bordelaise）

53. 蘇弗拉姆（La souflâme）

54. 雜糧麵包（Le pain de méteil）

55. 謝達麵包（Le seda）

56. 馬尼歐德麵包（La maniode）

57. 佛卡夏（La fougasse）

58. 燙麵黑麵包（Le pain bouilli）

59. 茴香乾麵包（La rioute）

60. 加斯柯尼麵包或阿讓麵包

　　（Le gascon ou l'agenais）

61. 混糧麵包（La méture）

62. 提歐雷（Le tignolet）

63. 火烤麵包

　　（La flambade, flambadelle, flambêche）

64. 扭轉麵包

　　（Le pain tordu et le pain tourné）

65. 四團麵包（Le quatre-banes）

66. 衣架麵包（Le pain porte-manteau）

67. 燙麵鬆糕（L'échaudé）

68. 洛德夫麵包（Le pain de Lodève）

69. 鳳凰軟麵包，維也納式麵包

　　（Le phoenix, le pain viennois）

70. 查爾斯頓（Le charleston）

71. 醜醜麵包（Le ravaille）

72. 戴帽麵包（Le pain coiffé）

73. 波凱爾麵包（Le Beaucaire）

74. 鋸齒麵包（Le pain scie）

75. 普羅旺斯之艾克斯麵包

　　（Le pain d'Aix）

76. 普羅旺斯之艾克斯頭包

　　（La tête d'Aix）

77. 尼斯查爾斯頓（Le charleston niçois）

78. 米榭特（La michette）

79. 尼斯之手及爬高麵包

　　（La main de Nice et le monte-dessus）

80. 栗粉麵包（La coupiette）

里歐奈・普瓦蘭與他的法國麵包分區地圖，於一九八一年完工。

Les pains régionaux
de France

法國各地區的麵包

文：艾波蘿妮亞・普瓦蘭

　　麵包會說故事——而且故事不只一種。它們訴說的是人類的智慧與創造力：懂得應用垂手可得的穀類；懂得以食物來迎戰艱難的生活、工作與生存環境；懂得採用自家田園的作物與鄰地上的收成，創造飲食文化；懂得靈活巧妙進而登峰造極；也懂得歡笑、自嘲，以及過節喜慶……

　　這是我父親所下的結論。他為了建造一張「地區麵包的藍圖」，行遍法國，深入各地調查。這份調查叫他樂此不疲，父親說：「麵包就像乳酪和葡萄酒，代表一份飲食資產。」由於在他之前從未有人進行過這項工作，在實地訪查之後，父親很快就察覺到，這其實是一項資料拯救工程。許多內容是得自年事已高的退休麵包師傅見證，其中好些麵包早已失傳，或需特別訂製。這些「絕種」的傳統麵包全都受到棍子麵包的排擠——棍子麵包這種「新型麵包」遲至十九世紀中葉才出現，而其他傳統麵包早已餵飽了好幾個世代的法國人。父親於七〇年代開始這項調查，持續進行了整整兩年，但事實上，這項工作從未結束，他常看見路邊的麵包店便走進去，詢問各種相關資訊。

　　何謂「地區麵包」？父親的定義是：具有某種特別的「形狀」與專有的「名字」，有時甚至是具有某種「天然特性」的穀類、麵粉，或製作技巧。

　　根據這些原則，父親區分出上百種麵包。為測試這些麵包食譜的「可行性」，他並親手烘製，研究它們的質感和滋味，並且從中挑選出八十個種類，擺放在一張巨大的法國地圖上，然後請人拍成照片（根據當時在場人士的見證，取鏡過程十分驚人！），收錄在一九八一年出版的《業餘麵包愛好者指南》一書中。在那本書裡，他特地為地區麵包的食譜開闢了一個章節，並且附上麵包店的地址，推崇那些店家的工作品質、接待態度，以及對這個行業的堅定信念。

　　自八〇年代以來，人們對地區麵包的喜好已幾乎消失。《業餘麵包愛好者指南》一書中所提到的店家大部分也都已拱手轉讓。然而，最重要的事物仍然得以保留下來——食譜，以及各地區麵包的共同記憶……

王冠麵包—胡格諾派的叛逆

王冠麵包：波爾多王冠（52）與環模麵包（12）

　　每一種麵包都有其存在的理由——雖然有時候這理由並不明顯。比方說，在許多地區都找得到**王冠麵包**（49），但製造的技術和方法卻各有不同。「事實上，王冠麵包代表著新教徒與天主教派之間的衝突對立。天主教徒在切開麵包之前習慣先在表皮上劃一個十字，而新教徒的胡格諾派則暗中反抗一切的盲目崇拜，便創造了一種環狀麵包；這麼一來，天主教徒就無法在空空的洞上劃十字了！」在一次的美食節目中，父親對主持人尚-呂克・佩提侯諾（Jean-Luc Petitrenaud）做出如此說明，同時當場示範製作：先捏塑一個圓麵團，然後拉長做成環形冠狀。在布格地區（Bougey，50）王冠麵包貌不驚人，而且夾帶硬塊，烤得很乾；而在薩瓦區（Savoie），村民會將王冠麵包套在手臂上，帶到山上去牧羊；在布列塔尼亞南部（12），王冠麵包閃閃發亮，是放在平滑的模子中烤成，可用刀片切開；吉隆德地區（Gironde）的王冠麵包則令人嘆為觀止，新教徒的儉樸精神早已被拋到九霄雲外！**波爾多王冠**（52）的外型有如一條項鍊，由八到九顆的碩大圓珠環成，再箍上一個小圈方便分享，表面非常光滑，會刷上油或蛋汁烤成金黃色，無論一個麵包重兩百公克還是兩公斤，質感都很綿密且麵心結實（以小麥麵粉製成）。

為宗教節日而製作的麵包

波尼瑪特（5）

　　對於無論是經過長期研究或無意間取得的發現，父親總是興致高昂。「只有一種麵包，不管是在亞爾薩斯、南部，還是巴黎地區，幾乎到處都能看到，我卻不明白這些區域之間究竟有何關聯。那就是**編織麵包與辮子麵包**（42）。這種麵包的外型向來十分美觀，泛著光亮，好好地被放在烤盤上烤成。最後，我終於在猶太教的百科全書中找到它源自猶太民族的根據，那是安息日所吃的麵包，有時也會添加罌粟籽。」

　　與宗教儀式或文化有關的麵包，其實處處可見。像科坦登半島上的**絞棒麵包**（9），雖然外表看起來頗粗糙，嚐起來卻非常美味（尤其是塗上半鹹奶油之後），在英法海峽沿岸，根據傳統，這種麵包總在復活節後的第三個星期日出現；此外，在市集日、朝聖期間與節慶時亦可見到其蹤影。絞棒麵包的製作過程極費功夫（材料是小麥麵粉和麵種，不過不加水也不加鹽，改以雞蛋代替），先放入沸騰的開水中煮滾，然後浸入冷水中，瀝乾後才送入高溫烤箱烘烤。

　　摩比昂（Morbihan）地區的**波尼瑪特**（5）則是一種聖誕節麵包。現在的布列塔尼亞人已經搞不懂為什麼要這麼做，但在當初，這可是一項明智的創作。這一球三到七公斤重的麵包，一半小麥、一半黑麥（古早時期皆以麵種發酵），外表裹覆一層麵粉，曾經被視為介於黑麥製的平日麵包與小麥製的禮拜日麵包之間的折衷選擇。

帶有宗教色彩的麵包

帶飾麵包（37）

　　其他這類麵包則多多少少流傳著一些與神職人員有關的軼事，如**貝諾通**（32）。由於除了地中海沿岸之外，幾乎全法國都有這種麵包，父親並未能替貝諾通定義出根源區域，但它的名字出自聖人聖貝諾（Saint Benoît）。傳說這種小麵包一開始摻了毒藥，原本要讓聖貝諾吃下，卻被他所馴養的烏鴉叼走（這隻禽鳥具有極佳的預知能力，可以分辨好麵包和壞麵包），並且丟棄在森林中。這則軼事在西元五世紀時流傳開來，可惜的是，傳說中並沒有提到小麵包的做法，所以無從得知與我們現今所知道的貝諾通是否相似。這種小圓麵包重約八十公克至一百公克，以深色黑麥和柯林特葡萄乾製成（在我們這個時代，總是非加不可！）。貝諾通通常被切成薄片，在早餐或點心時間，塗上奶油吃，有時也可抹洛克福藍乳酪，但這就不屬於一般認知的傳統美食範疇了。

　　柔軟的**司鐸小麵包**（25），基本上是發源於洛河與加隆河地區（Lot-et-Garonne），被稱為「議事司鐸的麵包」，因為在當時鹽還是奢侈品，小老百姓根本買不起，而這麵包可是鹹的呢！在今日，它不再是財富的象徵，「他先把白司鐸吃掉」的這個說法，也已被替換成「他先吃掉了白麵包」。

　　還有非常特別的勃艮地**帶飾麵包**（37），重約一公斤，有時稍微輕一點，這款麵包所要表現的似乎是僧侶的繫繩腰帶。在還沒被切開、剁裂或戳刺的情況下，它呈現出「繩狀」。製作時是在柳編模子底部，先放置了一段麵團搓成的結實小繩，然後揉進加入麵種的麵包麵團（必須是優質小麥麵粉），讓它在模子中慢慢發酵。這段小麵繩會讓麵團表面變脆弱，裂成兩半，沿著裂縫撐破開來。

麵包師傅的驕傲

裂縫麵包（34）

帶著大裂縫麵包的跑腿小女孩，
明信片圖像，二十世紀初。

　　有些麵包可說是麵包師傅的驕傲。比方說，在阿爾卑斯山區和法國南部隨處可見的**裂縫麵包**（34），在西南部有另一個名字叫「**梭子麵包**」，到了柯西嘉島則被稱為「cagitia」。父親頗欣賞這種麵包：「做得好的話，是一種非常好的麵包。」對行家來說，這種順著整個長邊裂開縫的麵包，製作起來其實遠比從外表看上去要困難許多——分隔麵包兩邊的那條縫隙必須夠深，而且要規則。劈縫時需派上用場的，要不是麵包師傅的手臂，就是桿麵棍，再加上幾招竅門：一把抹上油的小尺或特殊穀粉（稻米、黑麥、木薯等）。製作的方法分為兩種：一種叫「翻灰」（正面向下，壓在柳編麵包模底部，灑上麵粉）；另一種叫「翻白」（正面朝上，表面光滑）。根據區域及年份，這種麵包輕者重約兩百克，重者可達五公斤，因此各地產品的差異極大。

　　此外，或許可以說法國西南部的麵包師傅因為想創造出更複雜的做法，因而有**扭轉麵包**（64）的誕生。這種麵包從里慕桑（Limousin）到夏朗德濱海省（Charente-Maritime）都有製造。它不止有裂縫（傳統上是用手臂來劈縫），而且還利用稻米磨成的粉來加上扭花（像被扭擰的一條布）。選用這樣的結構，目的在於多少限制一點膨脹程度，所以這種以麵種發酵的小麥麵包會比較硬實。

摺疊的藝術：稻米磨成的粉

帽子麵包（4）

　　為什麼要用「米粉」呢？因為這種穀粉非常「滑順」，不會沾黏在麵團上。它能讓在塑形階段的麵團特別容易摺疊——所有揉過麵的人都知道麵團多麼會沾手！

　　洛河及加隆河地區的**加斯柯尼麵包**（60）就捲得像個可頌巨無霸（重達三至五公斤！），而且外皮厚實，三角折片位在正上方；**阿讓麵包**（60）也屬於同一類型，只是三角折片在下方。這兩種麵包都以米粉桿製，於是創造出分明的層次，並且在兩側發展出兩道寬長的「裂紋」。這些麵包永遠都用一種獨特的方法製造：採用灰褐色優質小麥粉揉成的麵團，以麵種發酵，置放在小船狀的木製麵包模中，等慢慢揉麵幾分鐘後，採兩段式烘烤，時間區隔要明確，第一段控制顏色，爐灶高溫緊閉，烤上十五分鐘，接著將灶門打開，烘烤二至三個小時。

　　莒哈山區和勃艮地的**鼻煙盒麵包**（38），這名字取得十分貼切，因為看到它就讓人聯想到一個蓋子半開的圓盒，那可稱得上是先進的摺疊麵包傑作，使用的器材是木製桿麵棍。利用桿麵棍，在一塊圓型麵團中央，劃出一道明顯的深溝，用來當作銜接兩部分的接合點。然後將其中一部分桿平，灑上米粉，折蓋到另一個部分上，等到了烤箱裡，上面這個部分將膨脹起來，變成蓋子。鼻煙盒麵包的內麵質地鬆軟，呈蜂巢狀，而外皮則微微灑上麵粉，光滑閃亮。它的重量不一，從五百公克到兩公斤都有，甚至也能做成餐飲旅館業用的小麵包。

　　布列塔尼亞的**帽子麵包**（4）只在胡艾爾哥雅（Huelgoat）附近的布洛希里安德森林（Brocéliande）裡找得到，外觀上與鼻煙盒麵包有些相似：兩個球形麵包疊放在一起，上面那個稍微小一點。不過，在製作技巧上，帽子麵包與鼻煙盒麵包卻完全不同，帽子麵包的兩球小麥麵團需要分別製作塑形，以「翻灰」的方式（正面朝下）放在圓形麵包模中進行發酵，只有在送進烤箱前才疊起來。為了鞏固結構，麵包師傅會用中指深深壓入位於上方的麵團中央，以防高溫烘烤時爆裂。

油水混合或只加清水

自左到右：鋸齒麵包（74）、栗粉麵包（80）、尼斯之手（79）。

　　同樣為了讓麵團容易摺疊，法國南部濱海的麵包師傅們傾向使用「油水混合」，或者甚至只用「清水」來製作幾款需要特殊技巧的當地麵包。

　　尼斯之手（79）有四隻手指，這是「義式摺疊」，麵團一定要夠軟，才能完成這個高難度的工作。使用優質小麥麵粉，加入水油（約百分之十）混合物，充分揉擰之後，送入蒸汽烤箱。這樣烤出來的麵包內裡會十分柔軟綿細，並且容易保存。

　　尼斯和蔚藍海岸的**米榭特**（78）是一種外表平庸的新發明（但味道真好！），與其他地方的小圓型麵包一點關係也沒有，而且它的形狀極不規則，在已知的麵包中實在找不到其他同種類型。這是以小麥麵粉做成的麵團（應該是用麵種發酵），結構密實，為了折疊，也必須採用油水混合。送入烤箱時需要敞開爐門烘烤，因此它的色澤暗沉，呈深卡其色。米榭特通常被安排在第一爐烘烤，好讓烤爐有足夠的熱度和充分的溼度。

　　這種暗褐色也出現在**栗粉麵包**（80）上。來自科西嘉島的栗粉麵包呈現雙瓣造型，置於沒有水蒸氣的爐中烘烤。它的外殼較厚，質地有點緊密，美味又好存放。

　　普羅旺斯之艾克斯麵包（75）則隸屬於另一種類型，因為麵包師傅在塑形與折疊時所使用的是清水。師傅先將清水注入一只大碗中，並且不時將雙手浸在水中，以免優質小麥麵粉沾黏在手上。這種做法還可防止麵團發熱。加入麵種後要緩緩揉麵，所得出的麵團應該觸感柔軟。發酵時將麵團置放在平檯上，根據古法，檯面上要灑有烘烤過的木屑或以橄欖核所磨成的粉末。

　　與艾克斯麵包同一家族的還有隆河谷地的**鋸齒麵包**（74），不同之處在於形狀，鋸齒麵包是以切成四等分的扁圓做成。只有阿爾畢（Albi）的鋸齒麵包在製作時不需使用水。

具加分效果的麵包

自左到右：
上方：茴香乾麵包（59）、朝鮮薊麵包（23）；
下方：鼻煙盒麵包（38）、貝諾通（32）及燙麵鬆糕（67）。

　　歌唱家克勞德・努加侯（Claude Nougaro）曾繪聲繪影地對我父親說，在他小的時候，曾在家裡餐桌上看過加隆河上游的**衣架麵包**（66），如今早已沒有人再做了。真令人遺憾！這種麵包的獨特之處在於包含了兩種質地，所以塑形的過程也非常奇特：先用麵種做出一個五百到六百公克重的棍子麵包麵團，然後將兩端壓平向內捲，而中央的三分之一則保持原來的狀態。至於為什麼要這麼做的原因，已失傳無從得知。

　　裝飾性麵包中的明星曾經非**朝鮮薊麵包**（23）莫屬，但已是過去式，因為這種麵包盛行於十八世紀，甚至在大革命時代仍然聲名不墜，現今卻已完全消失。還好很幸運地有留下些蛛絲馬跡：西元一七六七年所出版的馬盧恩（Paul-Jacques Malouin）百科全書中，朝鮮薊麵包正巧出現在其中一幅版畫裡，而在瓦微利（S. Vavry）所著的《麵包師傅指南》一書，有更詳盡的描述。多虧了這些資訊，朝鮮薊麵包還有重見天日的機會。我父親曾在酩悅香檳（Moët et Chandon）於凡爾賽所舉行的慶典上製作過。要做出這花朵盛開的造型，麵團需要非常結實，而且要採用「棕褐色的粗粒麵粉」。先把麵團延展成細長笛狀（長二十五公分，重兩百五十公克），然後桿平，用切麵刀鑿出夠深的小圓齒葉緣。在放入狹窄的麵包模發酵之前，先抓起一端，團團捲起，完成階段再於表面沾水烤成金黃。

地方特產搜奇

酒商麵包（31）堅持著「最長麵包」的名號，甚至可以超過一百六十公分。據說這種麵包的發源地在巴黎，以小麥製成；在勃艮地和苜哈地區的產酒區，小酒館多用它來製成各種充飢點心，特別是在葡萄收成的時候！

至於**洛德夫麵包**（68），外皮上竟然用鉛筆標著價格！而自古以來，它也是唯一一種不秤重也未經塑形的麵包。在被稱為麥桿籃的大籃子中以麵種發酵之後，半公斤重的花式麵包麵團被削成片狀，直接放在烤鏟上烤至焦熟。這由麥桿籃發酵出的麵包名聲相當響亮，從拉爾札喀斯高原（causse du Larzac）到朗格多克（Languedoc）的葡萄產區，人人誇讚，果然不是浪得虛名！

預烤麵包搖身變成人間美味

調刀麵包（14）

在法國南部，**佛卡夏**（57）的用途原本僅是測試柴火烤爐的熱度。但它那柔軟、以麵種發酵的小麥麵團，卻甚少膨脹。這種放在烤盤上迅速火烤出來的麵包，從中古世紀現身以來，就在普羅旺斯地區大受歡迎。長達好幾個世紀的歲月裡，佛卡夏中添加了橄欖和燻肉丁（像東庇里牛斯山地區的佛卡夏就夾有熟肉醬），變身為節慶麵包。今日，它正朝著餐食麵包的路線發展，不過倒還不至於成為近親──披薩的競爭者！

而在法國另一端，西北方的**調刀麵包**（14）也一樣以「前爐」烘烤，在烤正式的第一爐麵包前先烤，烤爐的溫度非常高。而在科坦登半島，調刀麵包仍保持一大塊大餅的模樣（從五百公克到一公斤），優質小麥麵團中摻了鹽，略微發酵，表皮光亮，並且劃有格紋，要趁熱塗抹奶油或搭配熟肉醬食用。不過，到了伊爾-維蘭省（Ille-et-Vilaine），調刀麵包就比較像是一份糕點：表面以蛋汁或牛奶烤成金黃，含有糖、奶油、蘋果或精煉豬油。

天作之合，神妙之味

不同於人們用精煉豬油或蘋果來抬高調刀麵包的身價，**核桃麵包**（36）本身就是一項成功的產品，但前提是比例要剛好：核桃的重量應該占小麥麵團總重量的百分之二十五到三十。父親總愛把「核桃與麵包之間的契合」比喻成「一對蜜月中的新婚夫妻」，青核桃皮的苦味會除去可能囤積在味蕾上的甜味，並且極為巧妙地與麵包的酸味混合。這是品嚐美酒時的理想麵包（從前，在酒農的口袋裡就經常裝有幾顆核桃），跟乳酪也很搭配。但是由於核桃的含油量高，不能再加烤。這種麵包在亞爾薩斯特別多，這是因為當地盛產核桃的緣故。

麵包師傅的一大享受

灶火麵包（45）

還有一類麵包則讓麵包師傅、他們的親朋好友，還有懂門道前來訂購的饕客享受美味！例如杜爾地區的**灶火麵包**（45），或者應該用複數說——各種灶火麵包，因為那是由小麥麵團揉成的小圓球（很簡單，就是用剩的麵團），再用手掌壓平，便直接送入烤爐，幾分鐘之後就能從滾燙的爐子取出。隨後不多耽擱，要馬上包入奶油、肉泥或肉醬，趁熱快吃。話雖如此，就算涼了，灶火麵包仍然是一種美味的享受。據說作家龔冉格·聖比爾斯（Gonzague Saint-Bris）常在羅亞爾河泛舟——從安柏斯（Amboise）到安茹（Angers），途中就帶著灶火麵包當野餐。

意想不到的命運

有一種麵包，味道雖平凡無奇，卻可以擁有璀璨的前途，那就是**吐司麵包**（18），其天職本是被磨碎變成麵包粉。金黃色的麵包粉（外殼部分）可用來做炸肉片；白色麵包粉（麵包心的部分）則可以拌入餡料中。做麵包粉的吐司應以外殼薄，而且內部容易磨碎者為佳，也因此它的原文叫「pain de mie」（台灣坊間有人直接音譯為「龐多米」），意思是「碎屑麵包」。這個稱呼早在十八世紀就已為人熟知——馬盧恩在他一七六七年出版的百科全書中已提到。最初，它只是一球黏稠的麵團，由於想在其中加入糖和油脂，因而需要發明一種特別的模子以便烘烤。時到今日，用酵母粉所做出的吐司比較接近英式麵包，而品質當然依製作的麵包師傅而有不同，但有一件事是確定的：在吃鮭魚和鵝肝醬的時候，有其他更適合的麵包！

燕瘦環肥，任君挑選

若提起法國從北到南的麵包重量，常叫人大吃一驚。這裡指的是時下所消費的麵包重量，其他所有的特殊製品並未包含在內。比方說，在布列塔尼亞，人們對分量十足的麵包毫無抵抗力：北海岸的**米侯麵包**（6）可重達十五公斤，這是一種頗新鮮的麥類麵包，其中有百分之十到十五的黑麥；而費尼斯特省（Finistère）的**格子黑麥球**（boules de seigle）也一樣。費尼斯特人可不容易滿足，他們的**對折麵包**（1）幾乎可達十公斤，成分（只用奶油與老麵）與錢包狀的外型都特別有創意；而杜瓦爾奈（Douarnenez）的雜糧麵包（pain de méteil）則混合了小麥和黑麥，像**波尼瑪特**（bonimate）一樣做成圓形，表皮還灑了一層麵粉，重量等於五十條棍子麵包，也就是十二點五公斤。

雜糧和混糧不一樣！

雜糧（méteil）這個字眼很容易讓人產生混淆。在以前，它指的是混合不同種的麵粉，如小麥加蕎麥，或者像在布列塔尼亞，指的是小麥加上一點大麥；又或者像中央省（Centre）、洛省（Lot）和阿爾卑斯山區，可以是小麥加黑麥；而在亞爾薩斯，雜糧麵包不僅是混合麵粉，還加入了黑麥和優質小麥的種子，兩種麥糧一起耕作與打穀。以上

燙麵黑麵包（58）和混糧麵包（61）

資料是根據一九九七年公布的法令，該法令明文定義了雜糧麵粉的成分（其中至少要有百分之五十的黑麥）。

千萬不要將上述和隆德省（Landes）黃色內裡的**混糧麵包**（61）聯想在一起，那是用純玉米粉或加上玉米粉的麥粉所製成。混糧麵包是一種農民吃的麵包，充滿鄉村氣息，很營養，無論味道或保存期限都相當適合莊稼人家。「印地安人的小麥」——玉米，自十七世紀初透過西班牙從美洲帶回歐洲成為耕作物起，就成為該區艱困時期中的珍貴糧食。父親曾說，混糧麵包若經過適當的處理，可以有非常優秀的表現。麵團加入麵種發酵之後，會被放入一個圓形且深的模具中——通常是一只舊湯鍋，再鋪上騎士包心菜（chou cavalier），而非苦包心菜（做奶油菜捲用）。混糧麵包用火烤過之後，適合搭配鵝肉末（一種由油漬鵝肉料理出的肉泥），也可以拿來浸在湯裡。

來自他方的麵包：德式黑麵包與維也納式麵包

德式黑麥麵包（41）擁有重量級的世界紀錄頭銜，口感特殊，香氣濃郁，深得亞爾薩斯人喜愛。這種以純粗粒黑麥麵種製成的麵包，有著各種形狀：長磚形、球形、麵包粉等，而且可以重達三十公斤！有一段時期，甚至要用腳踩來揉麵，進烤爐後還要烤上二十四小時，因為實在太有分量。

德式黑麵包的原文「**pumpernickel**」由來，剛好是個很好的語言發展範例。在西元一四五〇年左右，西伐利亞（Westphalie）曾因為乾旱而發生飢荒，歐斯納布魯克（Osnabrück）市政府便烤了一個非常營養的麵包，以「**bonum panicum**」（拉丁文「好麵包」之意）的名義分送給窮人，結果深受歡迎。於是之後很長一段時間，官方都持續烘烤這種麵包，直到飢荒結束為止，而且還分享到其他地區；也因此，它的講法漸漸轉變成「**bumponicel**」，然後再變為「**pumpernickel**」。

維也納式麵包（69）引進法國的時期則明確得多，是在西元一八四〇年左右，跟著當時奧地利駐巴黎使館的首長贊格公爵（Zang）的行李一起來的。他不僅帶來外型亮眼且質地柔軟的新麵包潮流（棍子麵包可算其支派），更重要的是引進另一種發酵方法「Poolish」，用的是麵種而非酵母。以很少的麵種，分成兩段發酵：首先混合所有材料，水分很多，其中三分之二是水，三分之一是麵粉（百分之三十到六十的精白麵粉），再加上麵種，放上三至四個小時。這個麵團會膨脹（並且產生氣泡），等到膨脹一倍之後，再加入鹽與剩下的麵粉和水，進行第二次發酵。這在甜點製作上是一個慣用手法，麵團會非常軟，而外殼以水氣蒸烤上色，烤麵包時烤爐內將霧氣瀰漫。

在當時，這種柔軟的麵包頗受歡迎，以至於法國的麵包師傅們會在「維也納式麵包」（麵種發酵）旁邊也擺上「法式麵包」（酵母發酵）展示。不過，維也納式麵包並不容易保存，為了彌補這項缺點，後來人們又加入油脂、牛奶和糖，反而因此改變了麵包的性質（但類似的演變例子並不在少數），成就出我們所熟知的這種「精緻」麵包。然而，直到不久之前，沃克呂思（Vaucluse）的麵包師傅們仍然堅持製作原味的維也納式麵包。

在諾曼地的義大利技藝：布利麵包

「富含麵粉的小麥麵團，烤出的麵包心會非常堅硬實在，很有意思。這就是**布利麵包**（16），原產地在諾曼地和義大利。只要研究法國歷史即可發現，義法兩國之間在廚藝上有非比尋常的密切關聯。而我確信，布利麵包這項極為特殊的地方性技藝，一定是源自義大利。」在美食家尚-呂克・佩提侯諾的節目上，我的父親皮耶做了以上說明。他隨後並當場示範：「這裡有一塊摻了酵母的小麥麵團，現在再灑上麵粉，以重物敲打

布利麵包（16）

（「布利」源自「brie」，桿麵棍）。」接著，用大火烤熟這塊麵團。父親又解說：「布利麵包聞起來有優質小麥的芳香，搭各種乳酪吃都是絕配，但是要切成薄片，因為這種麵包的質地真的非常密實。」從這次節目可以了解到，父親對布利麵包愈來愈熱情，無論是諾曼地產的還是義大利產的。

廣受國際歡迎的全麥麵包

從十九世紀中葉以來，就已經用創作麵包師傅的名字打開國際知名度的只有一種，那就是**葛拉罕麵包**（40），在歐洲和美洲都有生產。葛拉罕博士是一位走在時代尖端的營養學家，早就知道麥麩在麵包中的好處，對於促進腸道蠕動很有幫助，能使消化順暢。他並且把這些想法付諸具體行動，構思出一種全麥製麵包，以一百公斤的小麥磨成一百公斤麵粉，加入酵母發酵，成品的重量可從五百公克到一點五公斤，而且很容易保存。製作得好的話，撥開之後的口感與香氣絕佳。由於這種麵包的質地厚實，所以也要切成薄片才好。

長久保存麵包的秘訣

在古早的日常生活中，有個問題總會一再出現──該如何好好保存麵包。尤其在某些情況下，麵包可能要養活一個人好幾個星期，甚或好幾個月，像是在高山上的牧羊人或於汪洋中捕魚的水手……從以往所提出的各種解決方案中，可看出人類實在深具巧思，我自己就深受這些古老智慧吸引。在靠英吉利海峽的海岸、大西洋沿岸和科西嘉島

雪堡麵包（10）

等地，小麥米契麵包會以較低的溫度，經過二次烘烤，以確保能長久保存。這個配方應該確實行得通，因為探險家夏寇船長（commandant Charcot）在出發前往北極之前，在布列斯特海港裝載了許多這種米契麵包，個個都重達三到五公斤。這些遠洋漁夫還多加了一道預防措施：把麵包存貨都放在用來醃鱈魚的鹽巴上，以避免米契麵包在船上發霉，保存時間可長達一個月，甚至更久⋯⋯

至於雪堡（Cherbourg）的麵包師傅，他們得到上天恩賜，能直接汲取海水揉麵，製作對折麵包。當地甚至還專為麵包師傅們設置了一口井，稱為麵包師傅之井（又名「聖馬丁岩石」）。海水的鹽度剛剛好，不必摻清水即可使用，而且，發酵的成果近乎完美。這項自然的恩寵基本上一直都有效，然而在現實操作上，基於衛生考量，**雪堡麵包**（10）已禁止使用海水揉麵，現在都用清水製作了。

而在阿爾卑斯山區，用來幫助麵包抵抗時間的是滾燙的沸水——把麵包變得像石頭一樣硬！因為實在太硬了，揉麵盆最終都會因此破損。現在，薩瓦地區（Savoie）的師傅都不再製造**茴香乾麵包**（59）了，但這種重約一百公克到一百五十公克、充滿濃郁茴香味的小麵包，擁有一種有趣的特質：它非常乾，並不能用於正餐，而是在田裡或小酒吧裡，浸泡在牛奶或葡萄酒（Apremont白酒或Mondeuse紅酒）中享用。這種麵包的形狀像是一條細長的圓柱，捲成環形或8字型，所以很難不讓人拿來跟莒哈山區的茴香乾麵包比較，這兩者系出同門。製作時會事先將麵團在滾水中燙過，等它浮上水面，再撈出泡在冷水裡，瀝乾，送入高溫烤爐之中。

奇妙的是，胡埃格地區（Rouergue）的**燙麵鬆糕**（67）與薩瓦的茴香乾麵包也頗有共通之處，只有一點除外：燙麵鬆糕是一種未經發酵的麵包。這在法國非常少見，而它的形狀就像一個尖尖的小三角形，重量在八十到一百公克之間，適合搭配一杯美酒。製作時會在堅硬的小麥麵團內揉入茴香籽，先浸入滾水，再送進烤爐二度烘煮。

燙麵黑麵包的分享節慶

在上阿爾卑斯省境內，羅塔黑嶺（col du Lautaret）附近的維拉爾-亞荷內（Villard d'Arène）生產的**燙麵黑麵包**（58），則又完全是另一番風味。這種麵包儲存在閣樓或地窖裡，可以放上半年到一年。有很長一段時間，長達幾個世紀，這種麵包一年只製作一次，用村裡共有的烤爐烘焙，每一個家庭可分到一爐。每一爐的數量約有一百二十到一百三十個，每個麵包重達五到九公斤，而且非常堅實。二次大戰之後，全村製作燙麵黑麵包的這場盛事逐漸無人問津，部分原因是受到白麵包吸引。不過，從七○年代起，村民又自行恢復這項傳統活動。每年十一月的第三個週末，這座有六百年歷史的烤爐會重新燃燒加熱，燙麵黑麵包完全只用黑麥和沸水製成，麵團需經過七個小時揉製（由村內的年輕人負責），再放置七小時醒麵，烘烤七個小時。利用烤爐的熱度，居民會順便烤各種圓餅，讓全家人一起享用，這是一個與親朋好友共聚一堂的節日。另一個麵包節則會歡迎鄰村的人和觀光客，時間是在七月份的第二個星期六，兩次麵包節慶的原則都一樣：不販賣任何東西，單純分享一切。

麵包尺寸的未來走向是……大約一口？

我的父親提醒：不到一個世紀以來，麵包的重量已普遍減輕了：從非常沉重降到四公斤左右，接著是二點七公斤，後來變成一條兩百五十公克的棍子麵包；而從第二次世界大戰結束以來，單個重約五十到七十公克的小麵包愈來愈普及，因為這樣的尺寸方便放在自助餐盤上。不過這還不夠，父親又說：「現在為了太空旅行，有人正在研發適合口腔大小的小麵包團，連一丁點的麵包屑都不准浪費……」

一九七九年，里歐奈‧普瓦蘭在中國。

Les pains du monde

世界上的麵包

文：艾波蘿妮亞．普瓦蘭

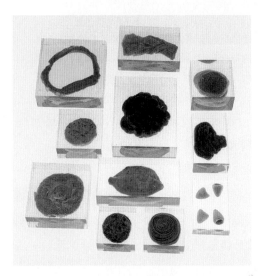

里歐奈．普瓦蘭從中國帶回的麵包封塊樣本。

一九七九年，父親受中華人民共和國之邀，前往傳授製作法國麵包的技藝。那其實是一次非常正式的官方邀約，但等父親回來時，行李箱裡裝的卻比較像是文化交流後的紀念品——一大堆新鮮的小麵包，每一種都不一樣。還有許多照片，包括他在上海一家麵包坊中拿出招牌米契麵包，周圍的女麵包師傅們笑得好開心；他捧著米契麵包與一群不知什麼官階的代表合影；其他有些是在下榻的旅館房間裡，行李箱攤開放在床上，茶壺在桌上，他正細心地替每一個中國小麵包寫標籤。

父親當時在旅館就急著把那些中國麵包固定在樹脂之中，製成封塊樣本，以便能毫髮無傷地永久保存。事隔十年之後，他把照片掛在畢耶佛手作工廠的入口大廳，旁邊則是杜瓦諾替祖父皮耶所拍攝的人像照。之後，我們的麵包也出現在一些人道任務中（如

一位消防隊員前往北極探險，行囊中帶著普瓦蘭麵包。

克羅埃西亞、阿富汗），或是探險活動（一位來自坎城的消防隊員去北極探險），開拓
了普瓦蘭麵包更廣更遠的旅程。

　　在中國這個以米食為主食的代表國，麵包也一直存在傳統中嗎？父親的好奇心開啟
了一片新天地，往後無論到哪個地方，他都要親自接觸當地的麵包師傅。以下將他所蒐
集到的材料寫成這一個篇章，雖不敢說十分完善，卻也足以刻劃出世界上各種麵包的主
要發展路線，像是由當地穀類製成的麵包、外地引進的麵包，或者兩者產生交集的混合
種類，而這些外來麵包則可能是透過出征帶回來，或者由移民、傳教士、探險家、朝聖
者或四處漂泊的船員引進。

米食文化國家中的麵包

　　中國，米的國度？沒錯，但那是在南方，而中國的小麥出產量也是世界第一。從
我們法國的**香料麵包**（**pains d'épices**），比利時的**聖尼古拉麵包**（**speculoos**），
到英國的**薑味麵包**（**gingerbread**），都源自於中國**蜂蜜麵包**「**Mi-Kong**」（或「**Mi-
King**」）的配方。這種麵包深受成吉思汗喜愛，接著又征服了阿拉伯人，然後是十字
軍。所以，在中國北方的確有食用麵包的傳統，為其主要的營養來源，或蒸或煎或炸，
而各種饅頭更證明中國人對於麵包有著無窮的想像力。以優質小麥和老麵揉成的麵團，
蒸熟之後，鹹的有菜包、肉包或菜肉包；甜的也有芝麻、花生、椰子或豆沙口味等。

　　而在中國最北方，與西伯利亞的交界之處，蒙古人始終保存他們原始且別具一格的

麵包做法——以麵團製成富含奶油或羊脂的餅，再放進羊尾或駱駝峯的油脂裡煎炸。

至於南方，香港則將麵食精緻化，如牡丹酥餅，餅如其名，呈現星形綻放，由兩層豬油麵皮、一層小麥麵皮，以及一層玉米粉皮，包上蓮蓉餡，油炸而成。

菲律賓人則將西班牙船艦帶來的**鹽麵包**（**pandesal**）加以變化，做出了自己的版本。這種麵包的尺寸極小（約只有一個，甚至半個瑪德蕾小蛋糕大），內裡柔軟，外殼酥脆，以優質小麥粉加老麵麵種製成。

與西方相遇的日式麵包

至於日本，他們並沒有自己的麵包文化。好比非洲有些國家，如塞內加爾，直接引進法國的棍子麵包，日式麵包也完全師取於與西方的相遇。日式棍子麵包所用的麵粉口感甜柔，由元祖法國棍子麵包一脈相傳；日式白吐司的靈感則來自英式吐司；只有外型像大瑪芬蛋糕，味道苦苦甜甜的**紅豆小麵包**，真的有其文化獨特的個性。

在此說個小故事：一九九三年時，父親曾受東京麵包糕點學校之邀，前去擔任「大師」。他非常受寵若驚，但當時卻抽不出時間，結果是我們的大麵包師傅巴斯卡，在一九九四年代替他前往做了一連串的示範課程，所使用的是旋轉式柴火爐，分別教學酵母製和麵種製的鄉村麵包，但也做了棍子麵包、可頌、葡萄乾麵包、核桃麵包、芝麻麵包和細蔥麵包等。巴斯卡對日本的麵包師傅那麼執著於使用計時器感到十分訝異，因為在法國，我們都憑感覺行動，靠的是經驗，根據當天的氣候做各種判斷。

印度——南方有麵餅，北方有烤餅

印度南部各地始終都忠於他們的**迦芭蒂**（**chapatis**）薄餅，這種由全麥麵粉製成的超薄可麗餅，放在金屬煎爐上烤熟後，用刀叉吃。依食譜不同，有的比較脆，有的比較厚實。豪華版的迦芭蒂則是**帕拉達**（**parada**），使用濾過的奶油或沙拉油，再加上西洋芹或香菜。另一種比較平庸的變化是**米粉麵包**。

Guerre Européenne 1914. — Fabrication du pain chez les Indiens

Imp. et Édit. J. Bouverre - Le Mans

一九一四年到一九一八年，歐戰期間，印度人為同盟國陣營製作麵包。

　　而在印度北部，人們做印度**烤餅**（**naan**）時會在麵粉中加入優格，因而與中東地區的餅皮有所區隔。這種麵團中摻有小蘇打粉，就跟愛爾蘭蘇打麵包一樣，發過之後膨鬆輕盈，外層柔軟，有時會再加上蛋，而且常常灑有香料，烤好之後要趁熱吃。只要看到水滴狀的外型，馬上就可以認出印度烤餅——那是因為師傅會在印度泥烤爐（tandoor）的外壁上拍甩麵皮好幾次的緣故。

英格蘭、蘇格蘭與愛爾蘭：
小麥麵包、英式精煉豬油和異國香料

　　大不列顛群島的麵包明顯偏愛混合鹹味與甜味，並且會加入香料和乾果蜜餞。有哪些呢？肉桂、麝香和葡萄乾幾乎無所不在。在以麵種發酵的**康瓦爾番紅花蛋糕**（**cornish saffron cake**）中，甚至還能找到番紅花和核桃。威爾斯的**巴拉伯里斯水果麵包**（**bara brith**）中則有果醬和紅糖，以及浸泡在紅茶中二十四小時的葡萄乾。最後，英國的**復**

十八世紀的英國麵包師傅。

活節十字麵包（**hot cross buns**）結合了香草與薑味，同時還有水果蜜餞和橘皮；這種麵包最初在中古世紀是用來慶祝春天每個月新月到上弦月之間的時期。這些小麵包中添加了雞蛋，劃上十字，有的表面上還會凝一層糖霜。

在麵種上場以前就先用小蘇打發麵，這是非常典型的英式作風。愛爾蘭也保存了這種傳統，擁有白蘇打麵包和全麥蘇打麵包：先在麵團上灑麵粉，並且劃出十字，其中富含奶油和撇去奶油的牛奶，不需多揉擰，也不用醒麵，最早的時候，小麵團都直接放入燉鍋中，架在壁爐上烤熟。然而，愛爾蘭有多少麵包師傅，就有多少不同類型的蘇打麵包。

在奶油尚未成為社會各階層都吃得起的食材前，在英格蘭和愛爾蘭等地使用精煉豬油是很平常的事。無論是名為「馬鈴薯麵包」的**愛爾蘭大餅**（**potatoe bread**），或蘇格蘭的**早餐捲**（**morning rolls**）與**圓麵包**（**baps**），都飄散著豬油香，所謂的「baps」是一種柔軟的白色圓形小餐包，可在早餐時搭配培根享用；蘇格蘭的**希爾克水果麵包**（**selkirk bannock**）也含有豬油，這種圓麵包中還填塞了果乾或蜜餞（但沒有香料），後來隨著新大陸移民來到美洲，一靠岸就立即被加拿大的森林管理員和伐木工當成「他們自己」的傳統麵包。

儘管如此，從十八世紀以來，**小圓鬆餅**（**crumpet**）堪稱英國永遠的經典。圓圓的鬆餅，表皮因為用直火烤過，呈現蜂窩狀，可說是瑪芬鬆糕的遠房親戚，內部質地密實，此後也飄洋過海，在整個美國流傳開來。

來自新世界的玉米

玉米是一種原生在美洲印地安人區的植物。在安地列斯山區，阿拉瓦克土語稱之為「marise」，後來在海地演變成「maysi」，南美洲則稱為「mahiz」。在北美，伊洛魁部落語（iroquois）稱玉米為「maïze」，加拿大則稱為「印地安小麥」，殖民者很快就了解到玉米的營養價值；等到它登陸西歐，由於美洲殖民者的關係，玉米被稱為「西班牙小麥」；而在波斯的土庫曼掌權時代，則叫做「土耳其小麥」。

從印地安玉米捲、墨西哥的「Uah」
到美國的玉米麵包

亞歷桑納州的大峽谷附近，霍皮斯印地安人（Hopis）一直是從事旱耕，玉米於是在如此乾旱的土地上成為神聖的作物。玉米粉和木灰混合之後，可以做出薄如紙張的**「piki」玉米捲**，成為節慶麵包。

納瓦荷族印地安人的烤麵包爐，鋼筆畫。

　　至今墨西哥人仍一直在吃的玉米可麗餅，是源自馬雅文化的傳統食品「**uah**」，之後採用外來征服者所引進的小麥，被改稱為「**tortilla**」。傳承自馬雅古食譜的配方非常特別：麵團所使用的玉米粒要事先浸泡在石灰水裡，然後於大缽盆裡搗碎。製作時要以手揉麵，桿成像可麗餅那樣的薄皮後，放在金屬板或泥板上烤熟，可趁熱吃或捲成袋狀（**taco**），裡面可以包上任何想吃的東西當一餐飯。

　　美式墨西哥料理（Tex-Mex）則以混合血統為主軸，創作出一種**玉米小麥麵包**（**青辣椒玉米麵包，jalapeno corn bread**），搭配大紅豆吃。

　　美國人其實一直到南北戰爭結束後才真的開始對玉米感興趣。不過，這種穀類很快地就以玉米麵包的形式融入美式料理之中，而且種類千變萬化。自家做的麵包可以用白玉米也可以用黃玉米，可以發麵也可以不發，是否混加小麥麵粉也隨自己高興。有時候還會添加蛋、油脂，甚或牛奶，熱量較高，拿來當餐包配菜吃。

別忘了移民帶來的麵包

Vieux four Canadien

二十世紀初，加拿大農場上的烤爐。

除了基本款式之外，別忘了跟著移民引進的麵包。例如著名的**舊金山酸麵包**（**San Francisco sourdough**），表面劃成棋盤狀或星狀，當初第一批酵母應該是淘金客從西班牙巴斯克地區帶來的；又如中歐猶太人所引進的**焙果**（**bagel**），這種環形硬麵包，對半切開後適合夾入酸乳酪和燻鮭魚。

加拿大的**水果麵包**（**pain bannock**）無疑地是由蘇格蘭傳入。在當地，大家都知道，森林管理員常拿水果麵包招待遊客，加拿大人對這種營養豐富的小麥甜麵包有一種豐富的情感。根據手邊擁有的材料，可在水果麵包中加入麝香或肉桂、葡萄乾或乳酪，其特殊的滋味來自於烤法——將麵包插在長棒子上，生起柴火，直接火烤。

葡萄牙風的玉米麵包

自從發現美洲新大陸之後，不僅各種歐洲麵包開始傳入美洲，可製成麵包的新品種穀類也因此被帶進了歐洲這塊古老大陸。就這樣，玉米搭上哥倫布的小艦艇，很快地就征服了整個西歐。葡萄牙人靠它做出**高粱麵包**（**broa de milo**），這是北部米尼奧省的特產。由於成分是玉米的緣故，這種質地密實的圓麵包是黃色的，但其實葡萄牙人在傳統上喜歡白麵包，像「**rosquilha**」那樣外殼酥脆的**甜甜圈**，或外皮細薄且內層柔軟的**波特麵包**（**reifa de Porto**），又如早餐時吃的，輕巧香脆卻口感柔細的**聊天棒**（**papos secos**）。

西班牙和義大利的白麵包

十七世紀，西班牙，小麵包師傅。

西班牙和義大利也喜歡用麵種製作白麵包——好比法國偏好用酵母製作深色麵包，而橄欖油在這其中發揮了極有趣的作用：它讓西班牙的**佳利西亞麵包**（**pan gallego**）有著柔軟的質地，而高粱穀粒、向日葵子和南瓜子則賦予這種圓麵包一種特殊滋味，有時會在外觀上飾有立體海星的圖案。這種滋味也出現在義大利的食譜中，義式風味如今已漸漸成為全世界的美食遺產。南方的**普格里茲**（**pugliese**）皮薄色

阿爾及利亞的麵包，自左到右：阿努爾、梅拉赫和梅特魯赫。

淺，內層密實，擄獲了整個義大利半島的味蕾；而熱內盧的**佛卡夏**（**focaccia**）多半呈圓扁形（像洩了氣的麵團），用百里香、馬郁蘭、橄欖和洋蔥增加香氣，再加上白酒和大蒜，可是名聲遠播，超越國界。至於杜林的**義式麵包棒**（**grissini**），細細長長，脆脆的口感就像麵餅乾，並且以香草增添香氣，或灑上粗鹽，再塗上蛋汁烤成金黃，在開胃菜時間到處都能吃到；就連帕爾馬和波隆納的**拖鞋麵包**（**ciabatta**）也打開了國際知名度，拖鞋麵包並沒有加橄欖油，而改用溼潤的麵團長時間揉麵與發酵來取代，以精細的工法製作出扁長、色白，並且非常輕盈的麵包，也可綴上橄欖、核桃和番茄等。

來自撒哈拉沙漠的小麥麵包

在撒哈拉沙漠（嚴格來說是指阿爾及利亞境內的撒哈拉沙漠），麵包的特質主要取決於烘烤方式，麵粉裡添加了什麼材料反倒不是那麼重要，因為在這個荒旱的地區，可添加的食材本就稀少。堤米蒙（Timimoun）的三款麵包即是一個很好的例子：**阿努爾**（**annour**）是一種發酵過的圓型小麵包，所用的麥必須要是「成熟

埃及的麵包師傅。

乾燥」，用驢子拖石磨磨成，然後貼在爐壁上烤熟，吃之前塗上奶油或油脂；**梅特魯赫**（**metlouh**）則是大張的奶油小麥餅，放在一個抹了油的盤子上，直接放在火上烤；而**梅拉赫**（**mellah**）則是很扁平的麥餅，既不混麵種也不加奶油，必須事前準備悶烤的設備——先在沙地上升火，火生起來之後要調整柴火的距離，然後放上一塊石板，等石板烤熱之後，放上麵團，用沙子覆蓋。

若拿這些白麵包和其製作方法，以及生活在埃及西部綠洲上的貝都因人的軟黑麵包做個比較，是很有意思的，後者用的是大麥或稷黍麵粉。

埃及的軟麵包

大家都說軟麵包的起源在埃及，父親也覺得這項假設的根據很合邏輯，因為從尼羅河谷地輝煌的麵包史即可看出埃及人真的非常熱衷於各種嘗試。早在上古時代，上埃及地區的人便已經拿浸在牛奶中發酵的鷹嘴豆（或扁豆）當酵母，製作**長麵包**（**fayesh**）和**厚圓麵包**（**bettaw**），這項傳統延續至今，製作時埃及人會在高粱或夏季玉米粉（le gêdi）中加入火烤過的葫蘆巴粉；不過，其他麵包像亞斯文的**軟麵包**（**shamsi**）則始終侷限於純小麥麵粉，成品就如又圓又白的大米契，但多出三或四個奇怪的抓耳，這應該是劃痕的關係，劃開表皮能幫助排除發酵時所產生的多餘氣體。

相反的，下埃及區的扁平大餅則以純玉米製作，讓人想起風靡整個中東地區的希臘口袋餅**披塔**（**pita**）。

希臘口袋餅之中東版

在古希臘時代，麵包師傅們的想像力豐富無窮。時至今日，他們偏向專注於兩種類型：第一種是**鄉村麵包**（**dactyla**），色澤金黃（以玉米粉製作），散發著東方香氣（內裡加入黑種草籽，表面灑上芝麻），在塞浦路斯和土耳其都很受歡迎。第二種則是披塔，白麵粉加麵種揉成，有時會撒入香草增加香氣。披塔這種扁麵餅的質地鬆軟（可用手剝開），內成袋狀（可夾入肉片、洋蔥和蔬菜），已不只是希臘本國的佳餚，還風靡了地中海東岸與整個近東地區，並且衍生出各種變化配方與不同名稱——原名披

塔當然會被沿用，另有土耳其的**披薩**（**pide**）、黎巴嫩的**扣滋**（**khoz**），以及敘利亞、葉門、突尼西亞和摩洛哥的**扣比滋**（**khobz**），還有阿爾及利亞的**克斯哈**（**kesra**）。

土耳其披薩是傳統的齋戒月麵包，扁平、四方，灑上黑種草籽或茴香籽，和「**ekmek**」一樣是土耳其麵包師傅的傑作。「ekmek」算是當地的一種米契麵包，外觀呈圓型或橢圓形，也像個小格子，可用來當作餅皮夾餡料，就連在地球的另一端——澳洲，都能發現其蹤影，也成為當地餐點的選擇之一。

黎巴嫩則曾有一段輝煌的貿易史，保存了本地與外來的各種麵餅風味。農村的「**markouk**」麵包是一種粗獷的麵餅，用柴火烤成；**阿拉伯麵包**（**pain arabe**）則將兩張圓餅疊在一起，再沿周邊黏起；

阿爾及爾的原住民區，運送麵包的女人；
馬里亞尼畫（Mariani），一八六五年。

「**man ouché**」只有一張餅皮，也是圓的，卻比較厚，加有橄欖油、芝麻和百里香；而跟在土耳其和敘利亞一樣，除了盛行的原味扣滋之外，也能找到從亞美尼亞傳入的「**lavash**」：這種大餅很薄，但還是會微微膨起，又香又脆，一咬就碎。伊朗人則比較愛吃「**barbari**」，那是一種小型白麵包，輕巧酥脆，有橢圓形、圓形或長方形，不過一定會呈扁平狀，表皮有一道劃開的切口，灑了芝麻、孜然芹籽（cumin）或野生孜然芹，也就是藏茴香（carvi）的種子。

突尼西亞的扣比滋有兩種。第一種是用細的粗麵加上酵母，經過兩次揉麵，兩次醒麵，最後敲打麵皮，直到聽見「空心」的聲響，就表示適合放進烤爐了。**狄亞力扣比滋**

摩洛哥，麵包小販，一九三〇年。

（**khobz dyari**）會加上粗鹽；**姆巴西斯扣比滋**（**khobz mbassis**）中則加了橄欖油和羊脂、芝麻籽與生茴香籽，送進烤爐前還會先刷上蛋汁。

在波士尼亞，吃披塔的時候會夾上香草、波菜、乳酪和肉類等，自成一頓完整的正餐。它跟「**burek**」有點淵源，「burek」這種麵餅裡會夾上羊乳酪或蘋果，用手拿著吃，趁溫熱時淋上一杯優格（這是一定要的！）。

奧地利的創造力

奧地利與中歐各國、德國、瑞士和義大利的麵包都有交集，而且全都來者不拒。這個創造力驚人的國家當然也對外輸出自己所有的麵包發明，尤其是對熱愛麵包的法國。它的**椎指麵包**（**rohlik**）呈滾輪狀，為十七世紀時慶祝維也納擊退土耳其軍隊的勝利而做，是可頌的前身。另外，從十九世紀以來，奧地利的牛奶小麵包就已躋身精緻點心之列，究竟是從保加利亞的「**pitka**」得到靈感，抑或相反才對，已經沒有人能弄得清楚了！而分兩次進行發酵的「poolish」工法，已經被許多麵包師傅採用，應用在棍子麵包的製作上。

中歐各國的麵包四處遊走

歐洲有許多成功的麵包一直是游走於各國邊境，有時候頗難確定它們真正的根源。

繞成8字環狀的**布里澤爾**（**bretzel**），依據食譜不同（已不可考是出自中古世紀還是羅馬時代），可做成硬脆或柔軟兩種口感。起源地是德國，但無論在亞爾薩斯或中歐各地都很受歡迎。用白麵粉加上麵種及牛奶揉成的麵團要先用沸水煮過，然後送入烤爐烘烤。金黃色的外皮來自灑在表面上的海鹽，以及進烤爐之前刷上的蛋白。

辮子麵包（**pain tressé, natté, zöpf**或**zupfe**）的外皮油亮，內層細膩，富含牛奶、奶油和蛋，所有有猶太人族群落腳的國家都喜歡吃：從俄羅斯到加拿大，以及整個中歐、瑞士，還有法國亞爾薩斯地區。根據猶太傳統，辮子麵包的表皮上經常灑滿罌粟子；較精美的版本如「**halé**」或「**challa**」，即成為安息日的麵包。

至於**布林尼煎餅**（**blinis**），那是一種厚軟的蕎麥小麵餅，在整個俄國或波蘭的所有節慶上都可吃到，搭配的是酸奶油和伏特加！

瑞士、德國和東歐——混合穀物之藝術

瑞士與德國和東歐各國一樣，都特別喜愛穀類食品（在比較寒冷的地區，只有穀類能提供人類營養所需），也擁有混合各種穀物的藝術，麵包的式樣繁多，琳瑯滿目。

波蘭有一種摻了酵母的鄉村麵團，可在家自己做，變化出的所有種類都混合了燕麥、大麥和黑麥；德國的**穀物麵包**（**mueslibrot**）裡則有各類穀粒和碎核桃；瑞士代表是**蘋果核桃麵包**（**apfelnussbrot**），但是來自德國，混合了小麥、黑麥、大麥、蘋果和核桃，塑成圓形，口感香脆。不過，瑞士這個國家自己的鄉村米契種類也很豐富，其中會加入牛奶，以便內層的新鮮能度維持更久（麵包的四分之一是黑麥，四分之三是小麥，混上碎黑麥籽或灑上碎核桃），咬上一口，令人想到群山之中的牧人與羊群……在瑞士，製作麵包的傳統十分蓬勃，每一個地區都各有其特色，提供了非常多元的選擇：黑麥麵包、雙粒小麥麵包、燕麥麵包、高粱麵包和玉米麵包，並且會添加其他食材使營養更為豐富，像是核桃、榛果、葡萄乾、芝麻、孜然芹籽、罌粟籽或亞麻籽，以及馬鈴薯。

沒錯，馬鈴薯麵包。在匈牙利也一樣，麵包師傅會在白麵粉和麵種中加入煮熟的根莖類食物，製作出柔軟、有點扁平的麵包，再加上孜然增添香氣。

北方天空下，黑麥的國度

在歐洲的北部和中部，氣候不太適合種植小麥，所以黑麥成了主要的食材——**捷克黑麥麵包**，雖然非常好吃，卻因為名稱太黑暗，常被人遺忘。

在德國，每個地區都有自己的黑麵包，有的是全黑麥，有的還混上其他麥類。在所有用封閉模具以蒸氣蒸烤的**夾心麵包類**（**kastenbrot**）之中，最著名的就是深色的**德式黑麥麵包**（**pumpernickel**），使用的是粗磨黑麥粉，麵包內層潮濕味酸，於中古世紀發源於西伐利亞，後來普及至整個歐洲。

至於波羅的海各國，例如俄羅斯，除了擁有各種黑麥混入糖蜜及香料的雜糧麵包之外，融合得最完美的，應屬散發芫荽香味且外殼明顯的**鮑羅定斯基**（**borodinsky**），原

東歐的麵包女販，蝕刻版畫，一七六五年。

料是黑麥加大麥，以及撇去油脂的牛奶和優格、糖蜜或麥芽，會先放入一個封閉型的模具烘烤，之後再打開繼續烤。行家們認為這種麵包是襯托燻魚美味的最佳選擇。

　　在白俄羅斯，農村婦女為了替黑麥麵包添加風味，會在烤爐中先鋪上一層楓葉或橡樹葉，才將麵團送進爐中烘烤。

芬蘭及斯堪地半島的超扁平麵包

　　在北方國家，人們總說：「黑麥能帶來『健康、財富與智慧』。」他們會事先製作厚實耐放的黑麥麵包，能保存整個冬天；而在瑞典和芬蘭的某些地區，這些麵包會被烤成極薄的大餅，中間還留有一個孔，那是因為，以前人們會把這種餅一個個穿進竿子，架在房屋的主樑上（以防孩童與牲畜偷吃！），並且儘量靠近壁爐以確保乾燥。

　　一般而言，斯堪地半島的麵包多呈扁平狀，如瑞典北方的**北極軟薄餅**（**tunnbröd**），以柴火直烤，可以熱食，包鹹鯷魚或「**mandelpopatis**」（一種馬鈴薯）捲起來吃。

　　挪威代代相傳的**扁麵包**（**flatbröd**）不但扁平，而且超薄，無論是黑麥製、大麥製、燕麥製，或三者混合，全都薄得像捲煙紙，一咬即碎。

　　瑞典麵包則在這種扁平趨勢中稍微顯得突出，幾款長方形麵包略有隆起，如**全麥穗麵包**（**fullkornsbröd**），製作時加入了小麥穗和大麥穗的所有部分。而瑞典人民最喜愛的「**Limpa**」，成分是黑麥和小麥，所添加的香料經過精心調配，包括蜂蜜或糖蜜、荳蔻、茴香、小茴香、陳皮和八角。

法蘭德斯地區與荷蘭的味甜酥脆

　　北海沿岸的低窪國家受鄰國影響很大，他們也偏愛軟式麵包，如各種奶油麵包、牛奶麵包和糖霜麵包，甚至加入蜜餞和果乾。但也有口感乾脆的麵包，如荷蘭的淡金黃色**圓麵包餅乾**（**pain croquant**），可看見斯堪地維亞納扁平麵包的影子；而比利時的麵包講究柔軟，借用了法國的**皮斯多雷奶油麵包**（**pain pistolet**，古早時用一根抹了油的木棒就能切開），這種小麵包以往要在宮廷才能享用得到。

澳洲雞尾酒——黑麥麵包、土耳其「ekmek」 和原住民的丹波叢林麵包

許多澳洲人會自己烤麵包。當地麵包食譜的種類繁多,就像澳洲大陸那般龐大,隱約透露了這些麵包的移民背景。首先要了解,黑麥的味道有所區分:一種是「佃農味」,也就是濃厚強烈的味道,另一種則是「淡味」,來自歐洲配方的黑麥麵包就在石磨小麥粉中加入了淡味黑麥。

另外他們還特別偏愛土耳其的「ekmek」,遵循原始的做法——以傳統的柴火爐烤熟,不管是圓的還是橢圓的,都會膨出一格空間,拿來充當餐具夾入食物,或者採現代吃法,做成三明治。只有**丹波叢林麵包(damper)**源自於當地的原住民文化,這是一種小麥香料麵餅,在大自然裡,用澆濕了的炭火加熱石頭,再將麵團放在上面烤。

其他穀物料理

環遊麵包世界一圈,顯然還有所遺漏,比如非洲大陸、印度洋、印尼和太平洋諸島等。基本上,雖然這些都不是以麵包為主食的文化,卻也有各種以當地穀物製作出的傳統料理,例如樹薯餅、米糕和粟球,都各有其滋味,並且需要貨真價實的技藝,但那又是另一個等待探索的領域了。

Der Bäcker.

麵包師傅，維也納版畫，十九世紀。

L'esprit
du pain

麵包精神

運麵包女，十九世紀。

Le pain au cœur de la vie, au cœur de l'histoire

生活與歷史中的麵包

　　父親一生都非常熱衷於探索麵包過去的歷史，當然也對未來充滿興趣。他從未停止研究麵包在歷史上所留下的痕跡，並且細心蒐集各種相關文獻，包括起源、演變，以及在人類文明發展中所扮演的角色。前人投注於這塊龐大領域的心力竟然如此匱乏，父親對此感到非常訝異。他常常引用亨利‧法布爾（Henri Fabre）一針見血的評論：「**歷史總誇耀讓人類死傷遍野的戰場，卻不提造福人類生活的麥田；歷史熟記皇室每個私生子的姓名，卻無法講述小麥的起源。人類多麼瘋狂啊！**」父親認為，麵包的歷史與人類的歷史是融合在一起的，而且麵包能將人類的過去顯現得更清楚。從史前時代以來，麵包在宗教與政治上已有一定的分量，連在良心的養成上也有象徵意義。「**用麵種製作出的小麥麵包或黑麥麵包，六千年以來，一直是人類文明的基石。**」最知名的麵包歷史學家賀黎須‧賈伯如是說（Heinrich Jacob，著有《麵包的歷史》一書，一九五八年出版，Seuil 出版社）。

　　在尼羅河谷地，麵包是經濟生活的基礎；在希伯來世界則是社會的根本，也是基督教義的支柱，「麵包」——是聖經中最常被引用的第三個字。

　　「**無論轉到哪個方向，無論研究的目標是什麼——史學、社會學、人類學或是宗教，最後總會回歸到麵包，**」父親如此寫道。在特拉維夫大學的一場演說上，他曾宣稱：「我們甚至可以理直氣壯地大聲說：為了追尋麵包，人類才有了文明……像犁田的工具也可說是為達到這項追求才誕生。所以，不管時下看法如何，麵包確實是農業的源頭。因為事實上，麵包早在一萬五千年前，於美索不達米亞平原誕生，而農業的誕生則在一萬兩千年前。發酵是後來晚了很久才在埃及出現，當時被視為一種魔法。」

　　「一切皆從麵包出發，一切又回歸到麵包。」這就是父親終其一生想表達的事。接下來的篇章已成為我們麵包的專業文化資產，這也是父親的願望，他想藉由職訓課程，將這些自古以來的知識傳授給普瓦蘭全體員工。在我看來，麵包的歷史因為追尋探索與思考，已變得更加豐富，同時也融入了你我每個人的文化氛圍中。

艾波蘿妮亞‧普瓦蘭

Ce pain qui a nourri notre civilisation

滋養人類文明的麵包

文：里歐奈・普瓦蘭

　　若要講述麵包的歷史，其實差不多等同在講述人類的歷史。大約從兩萬年前開始，這種食物的重要性從未降低。隨著時間進展，麵包也決定了人類的演進與習慣，並且灌溉信仰、提供想法，進而影響我們社會的架構及發展。

美索不達米亞平原——野生穀物之初次熟烤與保存

　　補充食物與再造食物，一直是人類最大的兩個煩惱。最早的史前時代，一切都尚未開化，獵人和漁夫過著流浪生活，跟著氣候變化及動物遷移活動；漸漸地，懂得採集水果和野生穀物之後，日常生活稍有改善；而在西元前一萬五千年左右的美索不達米亞平原，某些部落的婦女發現了野生穀類提供食材的可能性。她們無意中將穀粒碾碎後，與水混合，便得到一團黏糊，有幾位想到把這團糊放進灰燼中或平坦的石板上烤熟——麵包於焉誕生。但那還不是我們所熟知的發酵麵包，只是一塊結實又硬的麵餅。從此之後，獵人和漁夫儘管空手而回也沒關係，部落裡的生計已有著落。

　　從此，麵包的重要性就已壓過其他食物。很快地，麵包逐漸在人類歷史中占據了關鍵地位。為了將珍貴無比的穀物保存一整年，人類開始往地下挖出鐘型地洞，用麥草和泥土封塞洞口，這些地窖後來被用來當成集體墓穴；穀物的存放於是與死者的存放建立起關聯，以這些儲藏空間為原點，文明的雛形逐漸顯現。

小亞細亞——最初的小麥耕地

西元前一萬兩千年左右，某些部落已不再滿足於採集生活，而希望能自行種植出這些穀物。無論最後取得優勢的是哪一個種類，能成功種植出的穀物被視為是天神顯靈的恩賜。

於是，農業誕生可說是源自於對麵包的探尋。既然無法將田野背著到處跑，族群終將定居一地，建造村落，聯繫人際關係。在中東地區，許多社會的形成都以大麥或單粒小麥的耕作為依據。單粒小麥顧名思義只有一粒麥穀，既大且硬。後來多虧一次無心的灌溉，滋潤了某種不知名的禾本植物，結果長出一穗多穀粒的作物，歷經多次篩選之後，品種得以改良，家家戶戶逐漸自行耕種，而在小亞細亞，約於西元前七千五百年，出現了最初的小麥田。

埃及——最初的發酵魔法

西元前兩千五百年，麵包的製作，埃及小雕像圖。

西元前一千五百年左右，在尼羅河沿岸，埃及文明之強勢可謂登峰造極。在上古時代，埃及人被稱為「吃麵包的人」，麵包是他們的生活重心，影響社會上每一個階層。工人每天的工資就是三到四個麵包，外加一壺啤酒。他們靠吃這些造出了金字塔！

不久後，發酵麵包終於初見天日。根據傳聞，由於有一位年輕婦女忘了將麵團拿去

烤，結果隔天發現麵團膨脹了許多，她仍然把它送進烤爐，結果得到一個輕盈好吃的麵包。我認為這個故事的真實性頗高，因為尼羅河谷地的氣候炎熱潮溼，相當適合培養麵團中的天然酵母。

法老王的麵包——冥世不可或缺的食物

埃及人當初並不知道如何解釋發酵現象，也不懂得烘烤所造成的變化。對他們而言，製作麵包宛如變魔術，認為其中必有神力介入。他們相信麵包是冥世中不可或缺的食物，因此死後要在自己的墳墓中放入麵包。法老王拉美西斯二世（Ramses）於西元前一二〇〇年到一一六〇年統治埃及時，總共獻給神廟二十八萬三千三百八十五個麵餅，以及超過六百萬個麵包。他的後繼者還在宮殿中蓋了麵包手作工廠，在那裡的麵包工人做的是非常先進的工作。相反的，對平民而言，製作麵包則是家庭手工，是婦女的工作。她們會用腳踩揉麵，並且在麵團中加一塊前一天留下來的老麵，捏塑出一個個小圓米契麵包，放入圓錐形烤爐烘烤。

古希臘——麵包師傅充滿靈感

西元前九百年左右，希臘人從埃及帶回了製作麵包的秘密。一開始，他們製作一種未經發酵的大麥麵團，稱為「**馬滋**」（**maze**），是專供窮人吃的基本食物。添加酵母的麵包則被視為美食，被規定只能用於宴會，唯有重要人士才能享用。從西元前五世紀開始，雅典已開設了許多麵包店。在店舖內，製作麵包的工作仍然由女性負責，她們在麵包工作坊中裸露手臂及上半身，聽著長笛的節奏揉麵。麵團是放在灰爐下悶烤，或放入一個事先預熱好的泥鐘。後來，希臘人還發明真的能從內部預熱，並且可由前方開啟的烤爐。在許多城邦中，麵包師傅（希臘文稱為「mageiros」）會為麵包增添特殊風味，像是在麵團中加入蜂蜜水（蜂蜜調水發酵後的飲料，眾神之水）、無花果、紅酒或野梨、亞麻籽、芝麻、黑罌粟籽，以及八角或蜂蜜。優質小麥麵包基本上是富人的專利，其他的希臘麵包則多以大麥、燕麥、黍稷、去糠大麥粉，甚至用小扁豆製作。

羅馬帝國——有地位的麵包師傅

在五個世紀以前，希臘奴隸教會了羅馬人吃麵包。有很長一段時間，麵包僅止於在自家製作，最早的麵包店約要等到西元前兩百年才開設。

這些史上第一批的麵包店多半是幾名已獲自由的奴隸所開設的，他們後來變成磨坊主人同時身兼麵包師傅，於是得到「**pistores**」這個稱呼，意思就是用杵磨麵粉的人。在羅馬，他們真的還享有一定的地位，為當權的貴族製作「**panis tener**」，那是一種優質小麥白麵包，平民則只能吃大麥製的粗麵包——「**pnis niger**」。

烤爐與石磨，龐貝遺蹟。

羅馬人——黑麥「牡蠣麵包」的創作者

在這個時期，奴隸負責採收一種生長在麥田中的稗草所結的穀粒，拿來磨成深色麵粉，並且做出一種味道特殊且濃厚的麵包：黑麥麵包。儘管後來羅馬作家老普林納（Pline l'Ancien）把黑麥評為「劣等穀物」，當時的美食家仍然喜歡拿來搭配海鮮甲貝類。這種組合也流傳了下來，因此讓黑麥麵包有了個別稱：「**牡蠣麵包**」（**panis ostrearium**）。

西元前四十九年，羅馬城裡已有兩百五十到三百家麵包店，麵包師傅開始聚集組成同業公會，象徵圖案是一個揉麵盆加上三支麥穗。這份行業在當時是父傳子，子傳孫，代代相傳，形成一種特殊階層，並且積極地參與社會秩序之維持。其中有些麵包師傅甚至當上了元老院議員，例如凡吉利斯·歐里撒瑟斯（Vergilius Eurysaces），他的墳墓甚至裝修成麵包製作的過程，還有一頭驢在拉動揉麵。

羅馬城在最巔峰時期住有上百萬居民，其中高達三分之一全都遊手好閒，沒有收入，隨時準備動亂反抗。統治者深知，若要社會安定，需要憑藉娛樂，還要讓人民不會挨餓，便頒布了著名的麵包與競技場法令（panem et circnses）——舉辦大型的群眾競技遊戲比賽以集中人民的注意力，並且在由統治者所舉辦的賑濟活動上免費分送麵包，費用由麵包師傅們自行吸收。於是麵包師傅逐漸贏得官員職位，而這些官銜一直保存到羅馬帝國在西元四百七十六年滅亡為止。

農民與游牧民族——兩種世界的文明

羅馬人將麵包消費普及到所有曾征服過的領地，所到之處，這種食物便立即壓境，彷彿唯有麵包能消去飢荒。而於西元五世紀，侵略整個歐洲的東方勢力發現了麵包後，進而將各項新文明融於一爐。

在西元五世紀初，有兩種文明分別占領了世界。第一種包含十來個農業蓬勃的國家；另一種則延伸在游牧民族所生活的遼闊土地上。

亞洲、美洲、羅馬帝國和蠻族

早在兩千年以前，中國人便已懂得耕種稻米。這種穀物是他們的文明根基，也是人民溫飽的主要來源，其重要性之深，在中國古文中，「米」字所指的不僅僅是稻米，也代表糧食。然而，小麥麵包也並非新鮮事，只是在當時只有菁英分子才有權享用，未在市面自由流通。

相反的，在印度，米與麥具有同等的影響力。印度人會製作扁麵餅，放在預熱過的大石頭上烤。

在美洲的墨西哥灣附近，印地安人奧爾美克族（Olmèques）則多虧了一種穀物，才能發展成一個有組織的國家。這種穀物是當時還不為歐洲大陸所知的玉米，奧爾美克人用它來做麵包，幾個世紀之後，這支部落民族將催生出燦爛的前哥倫比亞文明。

部落民族製作麵包，版畫，十九世紀。

在歐洲和北非，羅馬政權將其帝國分為兩個部分：西方領土從大不列顛到義大利南端，都仍然在羅馬的庇蔭之下；至於東邊，由康士坦丁統治的拜占庭帝國則從希臘延伸到埃及。

在某些時期，游牧民族的人數非常多，他們生活在世界的其他地方，總垂涎著鄰國豐富的資源，隨時準備揚起干戈，一再侵占。

麵包征服世界

然而，這些突如其來的侵略者漸漸發現了農耕的好處。往後十個世紀，穀物與麵包取代武力相向，即將征服全世界。

在世界的每個大陸，都有人類開始成為耕者，定居墾地，並且創造出許多國家。無論在何處，麵包都默默主導了十分強勢的社會機能。

一開始是北歐及東歐民族入侵羅馬帝國，摧毀了千年文明。對當時被稱為蠻族的人們而言，大自然是神的財產，人類無權染指。所以他們會在某個區域停駐一年，在草原旁整理出一塊小小的土地，種植燕麥，煮成糊來吃，這是蠻族唯一的農耕傳統。但在他們的占領之下，森林逐漸覆蓋了農田，麵包也成為一種稀有的食物，人類過起畜牧生

活，並且採集野果，賴以維生。唯有追求自給自足的僧侶將羅馬人開發出的耕作技術與麵包做法持續保存。不過僧侶不懂得耍花招，他們製作出的超大圓米契麵包與羅馬的麵包師傅所創作的相去甚遠。

相反的，拜占庭帝國倒保存了羅馬傳統。在大城市中，如君士坦丁堡，麵包師傅仍然維持著公會體系，而行事規範有部分參考漢摩拉比法典（Hammourabi，巴比倫國王，西元前十八世紀），嚴格定義他們的權利與義務。

中古世紀——農夫與領主

西元七世紀起，歐洲開始盛行基督教，在這門宗教裡，麵包被賦予了神聖的色彩。由於受到這份特質感召，農夫開始墾地耕田，種植小麥、黑麥、大麥與燕麥，不過土地並不屬於他們。當時幾乎所有的歐洲國家都是施行封建制度，「沒有一塊土地沒有領主」。農民付出辛勞，卻只能獲得收成的一小部分。磨坊和烤爐也是領主的財產，若想將收割的穀粒磨成麵粉，烘烤麵包，都還必須額外付稅，因此農民所製作出的麵包尺寸通常都非常巨大，品質不佳。家家戶戶都將麵包切成片，浸泡在熱水中，稱之為「湯」，有時候還會加入一些蔬菜，這就是百萬人口賴以維生的日常餐點。

麵包是經濟探溫計

和羅馬帝國時代一樣，麵包成為經濟探溫計——如果麵包產量夠多，政局就會比較安定。所有的政權都害怕荒年歉收，那將造成飢荒，有數以千計的飢民會因而流落街頭，造成社會動亂不安。從西元七世紀到十四世紀，法國、西班牙，特別是德國，都出現了幾次大規模的反動；在這些國家，當時的人民都十分迷信，認為君王擁有影響天氣的神力，所以能間接影響收成。

為了撐過歉收的匱乏時期，農民會在麵粉中加入所有能加的東西，像法國與英國的農民會在麵粉中摻入蔬菜種子和泥土；瑞典的農夫則做出一種噁心的麵包，其中有四分之一是松樹皮和稻草。另外在其他國家，有時甚至出現史前時代的做法——在麵粉中添加乾掉了的動物血液！

相反的，領主們所吃的是由精篩麵粉製成的小麵包。食用時會將肉切成薄片，放在平坦的麵包片上，稱為「砧板」。這些麵包片寬約半個腳板（大約十六公分），高約四指（約五公分）。用過餐後，將剩下的麵包浸入肉汁中，發給擠在城門前的窮人和乞丐。在波蘭，這種習慣一直維持到十七世紀。

法國麵包師傅——受規範的篩麵粉職人

在以前，麵包多半由個人在自家製造；直到十一世紀才在城市成為一種新興的行業。在法國，麵包師傅被稱為「篩麵粉師」（talemelier），因為他們使用一種篩子來去除麵粉中的髒汙。麵包師傅開始成為大城市中不可或缺的食物供應者。這股銳不可當的

巴黎與亞拉（Arras）的麵包旗幟，版畫。

勢力促使統治者開始關注這門新行業，因此比起其他百業，麵包師傅這一行要受到更多的管理規範。在所有的歐洲國家中，凡從事與麵包相關工作者，都需要申請許可證，而且還要繳稅。

FRANCE _ XVᵉ SIÈCLE

BOULANGER-CABARETIER.
Miniature d'un manuscrit de la Biblioth. de l'Arsenal à Paris.
(L'encadrement (XIVᵉ S) tiré d'un MS. de la Bibl. roy de Bruxelles)

十五世紀的小酒館老闆兼麵包師傅。
模型，阿赫瑟納博物館圖書室。

從西元一二〇〇年起，英國國王開始根據小麥價格來制定麵包價格。在德國和瑞士，官方還會詳細地規定麵包的品質、重量與價格，並且禁止麵包師傅從事其他職業。

在法國，宮廷麵包總管會在每座城裡指派一位篩麵粉師傅主管，負責這個行業的行政工作，另有十二位管事師傅從旁協助，他們每週都要檢查麵包一次，若品質未達合格標準，就要開罰單，而被判定尺寸過小的麵包就分發給窮人。

與其他中古世紀的工匠一樣，麵包師傅的工作時間以修士的作息和太陽的運行來決定。為了降低火炬可能釀成的祝融之禍，他們在天一亮時就開始揉麵，接著根據教堂的鐘聲來進行製作麵包的步驟。

美洲——征服者發現了玉米文明

西元一四九二年，哥倫布在美洲大陸拋下船錨，為稍後的西班牙征服美洲開闢大道。征服者後來發現了這個新大陸的文明極為進步，同時也從印地安人身上學到主食玉米的各種運用。每家人都會製作至今仍為我們所熟知的小玉米餅——「**tortillas**」捲餅。在重大的祭典中，印地安人甚至會於玉米餅中揉入敵人的鮮血，獻給他們的神明。

於是，彷彿不需事先商量似地，幾千年來各自演變的各支民族都賦予了同一種食物神聖的特質。這就證明了，麵包不是一般的食物，而是人類生存、勞動、幸福與失望的象徵。穀類與麵包反映了文化，並且是人類關注的焦點，幾個世紀以來，見證了許多生命從生到滅的重大歷史事件。在所有文明中，麵包代表著四季循環，象徵人類的命運持續重生。

在這段時間，文藝復興運動於古老的歐洲大陸上達到鼎盛巔峰。整個十五世紀和十六世紀，這股人道思潮的聲勢非凡地發展，並且成就了許多經典傑作，如米開朗基羅在西斯汀禮拜堂的壁畫，以及達文西的「蒙娜麗莎的微笑」。

平民的主要食物仰賴麵包，甚至經常不是新鮮麵包，而是已經存放一段時間的過期麵包，這也是沒有辦法的事。一般家庭開始用餐時，會由一家之主將麵包切成大片，淋上湯汁或紅酒配用。

亨利四世的白麵包——「一口麵包」

法國國王亨利四世及其財政大臣蘇利（Sully）聯手推動了許多重大改革，目的在於整頓國家財政，其中也包含了麵包販售之規範。從那時起，麵包店一定要讓顧客自行秤重，並且必須將磅秤擺設於窗口或店鋪中最明亮的地方，謹防詐欺。這項措施推出之後，引來歐洲大部分的國家群起仿效。

另一方面，來自馬賽的農業專家奧利維·德·塞爾（Olivier de Serres），因為在當地示範農地耕作的成績優異，被亨利四世召到巴黎來推廣農業發展，麵包的品質於是逐漸獲得改善。除了農村的黑麵包，以及專門供給病患收容所和修道院的灰麵包之外，小白麵包總算在十六世紀末出現了，既豪華又輕盈蓬鬆，唯獨富商及貴族才有福享受。

這些所謂的「一口麵包」有個小秘密：在製作時，麵包師傅會在麵團中加入一種特別的酵母——啤酒沫。他們當時並不知道，透過這個動作，其實讓一種十分古老的做法重現天日：高盧人早就用過賽瓦茲啤酒（cervoise）來做麵包。而在北歐，由於啤酒業蓬勃發展，所以十七世紀的麵包師傅才能與這種傳統再度結合，麵包和啤酒之間可說有著非常緊密的關聯。

十七世紀——布里歐與可頌的時代

從西元一六六〇年起，好幾本關於廚藝的書籍都有許多篇幅在探討麵包的品質，甚至可在其中一本發現最古老的奶油圓麵包食譜，進而在未來催生出布里歐。

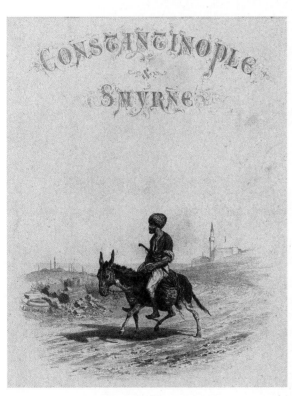

土耳其麵包師傅，十九世紀版畫。

西元一六八三年，奧地利與鄂圖曼土耳其帝國對立。奧地利軍隊在經過好幾次的挫敗之後，被圍困在首都維也納。土耳其人本想給敵人來個出其不意的突擊，便趁黑夜挖了幾條地下隧道，預計藉此大舉入侵城內。沒想到，夜間在地下麵包坊工作的師傅們聽見了敵軍挖掘的聲響，於是發出警告，結果導致土耳其人不但沒能攻破防守，反而還掉入陷阱，不得不撤退。為了獎賞這次義舉，奧地利皇帝賜給麵包師傅許多特權優待，而麵包業者為了銘記這個值得紀念的日子，決定製作一種形狀像新月的小麵包，就像土耳其國旗上的那彎新月——也就是可頌的前身。

世界第一家麵包學校在巴黎

　　整個歐洲大陸，曾經一度連年歉收，飢荒肆虐如風暴般席捲各鄉村農莊。統治者莫不擔心農民因為穀物收成的稅金過重，不堪負荷，轉而群起叛亂。為尋求一劑對抗貧苦的解藥，啟蒙時代的學者們針對農業做了許多研究，當然也包括磨穀物與製作麵包的技術。

　　西元一七八〇年，路易十五准許在巴黎開設世界第一家麵包學校。這所學校的學費全免，由兩位大人物治理：帕蒙提耶（Antoine-Augustin Parmentier）和卡戴德沃（Antoine-Alexis Cadet de Vaux）。在這兩位門下受過訓練的麵包師傅之後都飛黃騰達，因為擁有一流的專業技藝而很快被歐洲各國宮廷所延攬。

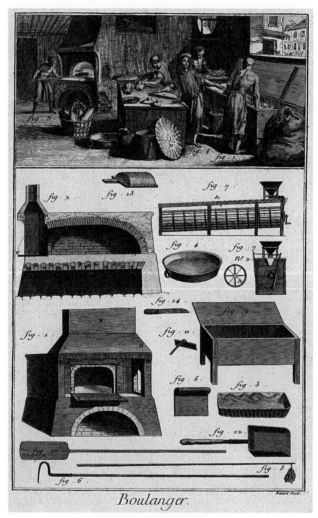

十八世紀麵包師傅所使用的工具。

「平等的麵包」──擠下米契麵包的長麵包

　　十八世紀末，法國發生了一件撼動全世界的大事──法國大革命，起源正是麵包匱乏。西元一七八九年，人民餓得受不了，怨聲載道，因為連續幾年來的收成之差，宛如災難，麵包也變得愈來愈稀有與昂貴。不久後，民間流傳起一則謠言：巴黎的巴士底監獄可能存放著大量小麥。革命接著在一七八九年的七月十四日爆發，饑民抄起尖矛，帶著犁扒當武器，決定搶走放在監獄的所有穀物，於是在法國禁衛軍的支持下攻占巴士底監獄，而其實監獄裡只關了十來個囚犯，他們也飽受飢餓之苦……

　　革命派自此廢除了公會的嚴格制度，頒訂新法令：無論是哪個階層的人，都吃同一種麵包。從那時起，麵包師傅不再只為有錢人做白麵包，並且替窮人準備黑麵包，而被規定只能製作「平等麵包」──可從中切為兩段的長麵包於焉問世，取代了圓形的米契麵包。

一七八九年，巴黎，掠奪麵包店。

最初的機動麵包師傅——
與拿破崙軍隊一起打仗

　　拿破崙從西元一八〇四年執政初期起，便一直竭力避免飢荒再發生，以保障社會安定。他不僅緊盯小麥的生產，監控麵包的價格，並且為自己的軍隊安排一隊機動的麵包師傅，以確保手下能隨時吃到品質優良的新鮮麵包。不計寒暑，也無論腳下走的是什麼樣的道路，軍旅後方總是跟著裝載麵粉的手推車。請試著想像一下：要替戰場上的百萬大軍烤麵包，並且走遍整個歐洲！這些機動麵包師傅，在十九與二十世紀的各場戰爭中，又再現蹤影。

戰場上的軍方麵包舖，卡爾‧費修（Karl Fichot）畫，一八三七年，「畫報」。

麵包業跨足甜點業

西元一八五六年到一八五八年的麵包坊，是世界上目前已知有關麵包題材最古老的畫作。

　　十九世紀的法國，麵包師傅開始習慣拿小刀片在麵包上劃下自己的痕跡，並且於販賣時以數量計價，而非秤重。這種簽名被稱為「裂紋」（grigne），它同時為麵包外觀增添美麗，以及強化了脆脆的口感。

　　同樣在這段時期，奧地利的麵包師傅已享有盛名。他們會在揉麵時加入牛奶，做出柔軟香甜的麵包，很快就名聲遠播。其中有一位師傅定居巴黎，他所販售的「維也納式小麵包」實在太受歡迎，不得不聘請好幾位奧地利同胞幫忙製作。

　　麵包店的數量不斷增加，其中有些還變得愈來愈奢華，而農村裡的自家麵包生產量因此減少許多，讓婦女們終於能鬆一口氣，卸下揉麵這吃力的重責大任。在外省，各地的手工麵包師傅研發出「當地特色麵包」，因為食譜和形狀差異，每個地區的產品不盡相同；此時，純優質小麥麵包也逼退了黑麥麵包。西元一八五〇年後，很多麵包店也開始製造甜點。

IL Y A HUIT JOURS

UNE BOULANGERIE DU QUARTIER DE LA BOURSE
Dessin d'après nature par M. Clerget

巴黎富人區的麵包店，克萊傑（M. Clerget）繪，一八七四年。

開始受到關注的「白礦工」

在十九世紀，社會運動漸漸出現，人們開始關心麵包工人的工作狀況，麵包工人常被形容為「白礦工」。在一般民眾的認知中，麵包師傅的辛勞幾乎與苦力畫上等號，因為若不揮汗費力，似乎就做不出好麵包。

帕蒙提耶在西元一七七八年時就已經寫下：「**麵包師傅必須專心一意地在靜默的黑暗之中工作，因而被迫放棄生活上的舒適，工作環境周遭又相當熾熱，並且被煙霧與粉塵包圍；當他們工作時，其他萬物皆在休憩，而他們只能在工作之餘擁有非常短暫的睡眠，這點讓他們痛苦萬分，因為其他所有人，無論處於什麼狀態，都能在夜晚享樂放鬆，以及洗去疲憊……**」

一八四八年，在德國有麵包學徒鬧了一場罷工，因為他們再也不想遷就在揉麵盆上的稻草袋打盹，訴求能好好睡在一張床上。幾十年後在紐約，市政委員會曾針對麵包業進行了一項健康調查，讓八百名麵包師傅接受聽診，其中有四百五十三位有病，超過半數！百分之三十二患有肺結核或貧血之類的疾病；百分之二十六飽受黏膜炎之苦；百分之十二有眼疾；百分之七皮膚過敏。

「麵包師傅：自殺的行業」（Les Métiers qui tuent，一九〇七年）。

「揉麵工」的辛苦

揉麵盆象徵這份工作的苦與難。麵包師傅需要用手臂去揉麵團，這項操作非常辛苦，所使用的是大小不一的橡木盆（極堅硬而且要夠乾燥）。直直看上去，盆子呈梯形，外型如斗槽。由於

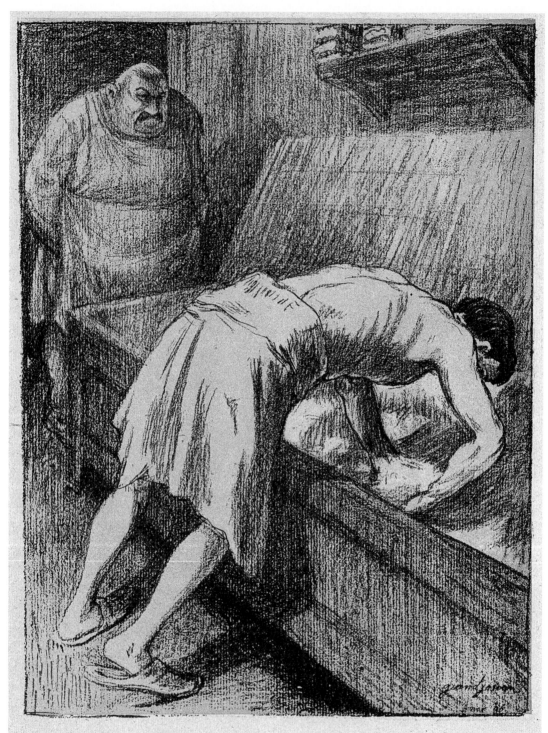

LES BOULANGERS. — Surmenés, enfermés dans des fournils surchauffés et dépourvus de toute aération, aspirant à pleine gorge la poussière de farine, les ouvriers boulangers comptent 70 pour cent de tuberculeux qui n'ont pas quarante-cinq ans. (D'après Brouarrel).

《餐盤上塗奶油》，格蘭朱昂（Grandjouan）繪，一九〇七年。

揉麵相當困難，所以製作麵包不可能由一個人獨立完成，至少也要兩名麵包師傅同心協力。年紀較輕的那一位就全力負責揉麵，被稱為「揉麵工」（geindre）。這個名稱的起源並不為人熟知，不過有些人認為，這個字出自動詞「geindre」（唧唧吟吟地哼），那是揉麵工在工作時必須全程吹口哨的緣故，目的是防止吸入太多麵粉。

　　不過，百科全書的作者狄德羅倒在自傳中說了個小故事，他意味深長地描述了揉麵工的精神狀態：「**我對那一陣陣鬱悶沉重的呻吟感到印象深刻，**」狄德羅曾在一間地窖的氣窗前停下腳步，朝內注視了很久，「**一名強壯的麵包工人，使勁地揉著一爐麵包所需的麵團，每用力一下，就從胸腔裡發出這樣哀怨的呻吟**（唧唧吟吟，即是古代對揉麵工的稱呼）。」這景象讓他立刻想大聲說出內心的想法：「**像這樣吃重的工作，人力難以長時間負擔，應該要用機械來取代完成。**」但一聽到作家的這個說法，立刻有幾名麵包師傅的夥計上前斥喝，因為「**在揉麵工的認知裡，這只會剝奪他們賴以維生的工作。**」於是他們破口咒罵狄德羅，並且威脅他，逼得他不得不趕緊落荒而逃。

痛苦的揉麵工人，朱勒・大衛（Jules David）繪，十九世紀。

Fabrication mécanique du pain, d'après le procédé Stevens.

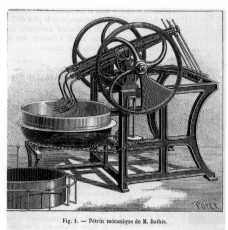

Fig. 1. — Pétrin mécanique de M. Dathis.

史帝芬（Stevens）和達提（Dathis）發明的揉麵機原型，十九世紀。

揉麵機是新發明？不，是革命！

在十八世紀中葉便已出現揉麵機的發明，基本上都算成功（由數不清的螺絲所組裝的系統和機械手臂等），然而卻還沒有任何一種為這一行的使用者所接受。

西元一八〇〇年，巴黎的麵包師傅希亞參特・隆貝（Hyacinthe Lembert）製造了一個木箱，運用幾組齒輪讓它可以運轉，然後在木箱裡放入酵母、水、麵粉和鹽，便能得到經初步攪拌過的麵團。這套機器被稱為「隆貝機」，可視為現代揉麵機的始祖。

從那時起，麵包師傅搖身一變成了發明家，而發明家也開始學習麵包製作。在整個十九世紀到二十世紀初，一台台的揉麵機原型持續問世，就算不直接用天馬行空來形容，通常也都饒富創意。當然，也引發了不少爭議。

爭議結合了工人、麵包師傅與布爾喬亞階級！

林德博士（M. Lindet）是法國國家視聽資料館的教授，擁有科學博士頭銜，他於西元一九〇九年發表對揉麵機的看法：「對麵包店老闆來說，尤其是城市裡的麵包店，使用揉麵機可說是一點好處也沒有；那等於把資金往水裡丟，因為每天多了耗費支出，不但沒省下人工，還要替工人付較昂貴的保險金，並且很可能因此晉升到營業稅率較吃重的等級。」總之，就商業觀點來看，揉麵機並「不合格」。

　　而麵包工人們也不準備接受機器，「一想到機器將取代他們的手臂，工人抗爭了很長一段時間。畢竟經過長期辛苦的學習之後，他們的手臂具有最專業的靈巧，的確值得驕傲自誇。」至於顧客，根據林德博士在比較人工揉麵與機械揉麵的研究報告序言可看出，消費者更是對機器感到不信任：「有位麵包師傅，他是手工揉麵與機械揉麵品質對抗賽的評審，有一天，我建議他在店門口貼海報，公告說他的麵包是用機器揉麵製作的。對方回說：『我才不會這麼冒失，我的客人知道真相後會離我遠去！當初我還是趁深夜暗中把那台揉麵機搬進店裡裝設好，以免這附近的人知道……』在場的另一位麵包師傅也採取相同立場：『我有一位客人聽從醫師建議，不再吃我的麵包了，因為他說用機器做出的麵包害他胃痛！』」

　　無論如何，揉麵機還是多少改善了麵包師傅辛苦的工作環境。雜誌《餐盤上塗奶油》甚至製作了一期特刊，講述麵包師傅的勞累生活。其中一幕的第一個畫面是，孩子們哭紅了眼：「爸爸昨天才第一次賴床，今天就死了。」（故事簡短得令人鼻酸）。第二個畫面就稍微沒那麼悲傷，有兩個人物：一位是主教，一個是麵包師傅。主教長得圓圓胖胖，因為吃得太多太好而滿面紅光；而麵包師傅則微微駝背，骨瘦如柴，神態疲憊。他雙手敬畏地抓著貝雷帽，說：「大人，您是大主教，我是小夥計，可是，製作心靈的麵包似乎能比做真正的麵包活得更久！」

　　不過，即使健康受到威脅，麵包工人仍然堅守著他們的揉麵盆。

古羅馬人就已認識揉麵機

　　其實早在羅馬時代，就已經有揉麵機。在當時的麵包師傅凡吉利斯·歐里撒瑟斯的紀念碑上有一個揉麵盆雕飾，是由一匹馬或驢來推動。此外，羅馬帝國的麵包業似乎相當先進，麵包師傅也已懂得使用手套和面具，以免麵團被口沫污染或汗水糟蹋。

　　十九世紀末，即使示範結果都證明揉麵機製作出的麵包非常完美，而且毫不費力，曾使用過的麵包店老闆仍然都被迫放棄機械，因為學徒們會擔心失去工作而加以威脅。

　　某位麵包師傅就說：「我的店裡是有台機器，但因為怕工人有成見，對工作效率和氣氛產生不良影響，於是不得不暫停使用……」

　　隨著時代進步，揉麵機終於因好處不勝枚舉而獨占鰲頭；然而，它也使得麵包業的門戶大開，其他現代化所帶來的負面影響也趁虛而入。

麵包酵母品牌的廣告年曆，一九二六年。

二十世紀的工業麵包

二十世紀上半葉，輪到電烤爐和化學酵母偷偷滲入麵包坊。由於重視效率，導致麵包的品質逐漸衰敗，產品種類也變得單調統一。不過，希望麵包要俗又大碗的客人可就樂了。

從一九三〇年起，人民的生活水平改善了，吃東西的模式也不一樣了。無論在哪一個國家，麵包的地位已有所改變——它不再是一餐中的主食，而成了配菜。麵包師傅眼睜睜看著麵包的消費量大幅減少，個個憂心忡忡。第二次世界大戰發生後，麵包業的處境變得更糟，直到一九五〇年，麵包全面採用配額制，而在這個時期工作的學徒，受限於現實環境，僅能得到短暫且匆促的訓練。

之後，許多手工麵包店開始抵抗不了工業麵包之競爭，紛紛關門倒閉。存留下來的則加強裝備，添購降低麵包製作辛勞的機器。麵包師傅轉變成機械師傅，與麵團不再有直接接觸。有時候，工業麵包甚至會在麵團塑形後立即冷凍，再以冷凍貨櫃卡車載運到販售點，在顧客面前烤熟販賣，給人新鮮麵包的錯覺。

烤箱廣告，二十世紀初。

二十一世紀──找回麵包價值

　　不過，在二十一世紀初，社會學家們觀察到一股反潮流誕生：麵包又找回其優越地位，成為高貴食品。

　　這不僅僅是流行現象而已。我們確實可以從人類歷史中看到，麵包扮演著相當重要的角色，不只在全人類的飲食上舉足輕重，更是世界文明與價值之象徵。麵包匱乏會引發叛亂、革命與衝突。麵包是人與人之間的橋樑，標記出人類史上所有的大事，雖是區區一種食物，卻意味著博愛、共享與生命。

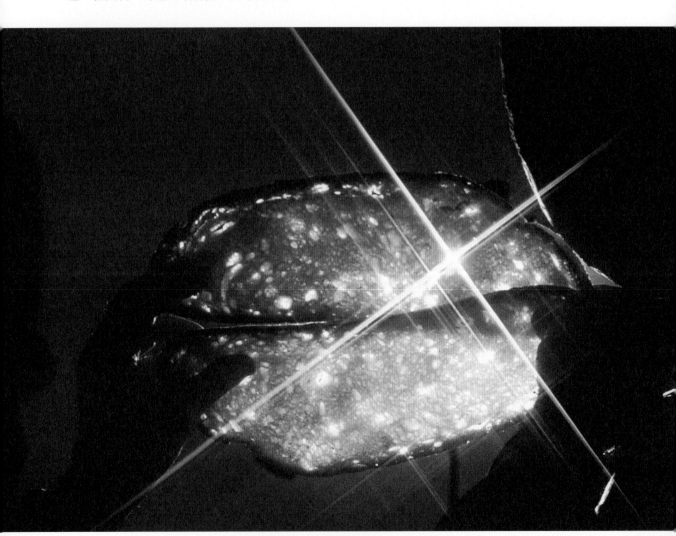

普瓦蘭麵包切片，研究其透明度。

童話，昆汀圖畫書（Imagerie Quantin）

Entre le blé et le pain, l'ingéniosité
des moulins à travers les âges

從小麥到麵包——
各時期設計巧妙的磨坊

文：里歐奈・普瓦蘭

磨碾這個動作極為單純，就是把穀粒碾碎，製作成麵粉，起源於民智未開的混沌時代。古希臘哲學家波塞頓尼歐斯（Poseidonios）曾提出以下的假設：「**人類最早用臼齒磨碎食物，本身也是最初的磨麵人，從牙齒的動作中悟出正確的咀嚼。**」

杵與鉢

一開始，人類將穀粒分灑在一塊平坦的大石頭上，用手拿一顆圓形小石頭壓碎。後來，埃及人首度使用研鉢與臼杵，就像現在許多非洲國家仍然如此碾碎黍稷的穀粒。

水車磨坊

為了讓這個動作更輕鬆，不清楚是古希臘人還是希伯來人，用兩塊圓錐形的石頭發明了會轉動的磨具，在奴隸或馬匹的推動下，轉動上方的石頭。後來，古羅馬人又想到運用河水的力量，在河裡擺入巨大的輪子，讓水流推動磨具。水車磨坊於是誕生。

早從中古世紀開始，建造一座磨坊就已需要專精的機械技術。水車磨坊的運作是利用順向渦流葉片來產生水力。要使這類磨坊順利運作，必須截水引流到正確的位置。這就是俗語「為磨盤注水」（apporter de l'eau au moulin，資助之意）的由來，也說明了掌握水力有多麼重要。

水車磨坊周圍，雕刻：菲利浦．嘉勒（Philippe Galle）；
畫作：楊．梵德史特烈（Jan van der Straet），十六世紀。

水車磨坊——借助手工行會的技藝建造

　　水車磨坊通常為木造建築，為了將整座複雜的設計付諸實現，領主或磨坊主人多請木匠幫忙。木匠經過手工行會的訓練，擁有嫻熟的手藝與非常精良的技術，再加上每座磨坊設計的巧妙不同，於是各有特色，不禁讓人想知道，那些木匠究竟是如何完成這些讓我們直至今日仍讚嘆不已的傑作？他們如何計算出那些精巧的齒輪，帶領整座磨坊順利運作？很可惜的是，有一部分技藝已經失傳，這實在是太遺憾了，畢竟長達好幾個世紀，水車磨坊始終是唯一存在的自動裝置，直到蒸氣機問世為止。

風車磨坊——船艦木匠的實驗品

　　據說，最早的風車磨坊出現在水資源稀少的阿拉伯國家，被東征的十字軍騎士發現，於十一世紀將此概念帶回歐洲。但在今天，這個假設的真實性卻遭到質疑。其實蠻可惜的，我覺得這個故事很合理，也很美麗！

德國的風車磨坊，雕刻，十七世紀。

　　無論怎麼說，歐洲最早的風車磨坊的確是在十二世紀左右建造的，一開始沿著英吉利海峽，出現在濱海多風的地區。專門製造船艦的木匠是磨坊的得力助手，因為能夠造出結構複雜的船隻，所以熟知如何利用風帆的力量，也就是捕捉風力。

荷蘭的旋轉磨坊——工程師的發明

　　在荷蘭，工程師的腦袋十分靈光，想到要將磨坊蓋在三腳座上，用腳座當軸心，讓磨坊主人可以把風車架在迎風面。法國和德國就太晚發現這個做法，之前所建造的磨坊都蓋在固定腳座上，無風時就不能運轉。

　　大部分的時候，風車的四片扇翼長度約在十四公尺左右，每一片上頭都有可以活動的小板子，從磨坊內部來控制，讓運轉更為順暢。

扇翼之語——傳遞磨坊主人的訊息

　　磨坊就像是古代的電報，也被磨坊主人當成與鄰居溝通的工具。當扇翼排成X型，表示磨坊主人不在；排成十字型，則表示有人去世，而且要等到葬禮過後才會再度運轉。我們也知道，在西班牙名作家塞凡提斯筆下，唐吉訶德把風車當成危險的怪物，衝鋒陷陣。因此從一六〇五年起，在所有的國家都流傳一句話：「他在跟風車拚命……」用來形容瘋癲充好漢的人。

研磨穀粒的永遠是兩塊石盤

　　無論是利用水力還是風力，這些磨坊的運作原理都是一樣的——穀粒要用石盤來碾碎。「固定盤」，或稱「躺盤」，是固定不動的；上方的「轉盤」，或稱「拖動盤」，則能夠活動，穀粒就從「加料斗」送到兩塊石盤中間。

　　在歐洲，磨坊由國王或領主下令建造。他們要求佃戶到這些磨坊碾穀，然後留一部分收成給農人當回饋。這套制度養活了許多職業：「麵粉商」做零售；穀販做批發；篩穀人清理麥粒；挑夫負責運輸；量測員則在磨坊門口驗證數量無誤。

　　磨坊主人的工作十分單純，就是要用石磨磨碾麥子，然後把這項被稱為「麵包麥粉」的成品，原封不動地輸送出產，而篩濾麵粉與麩皮的工作則屬於麵包師傅的範疇。漸漸地，磨坊主人的工作品質也有了改善，為追求更為純淨的穀子，他們採用了新的篩網，可以過濾淘汰灰塵、小碎石、泥土，以及其他穀類，並且開始自行過濾麵粉與麩皮，這項操作程序被稱為「過篩」（blutage）。

石磨組：裝設在地上的是「固定盤」；
上方則是可以活動的「轉盤」。

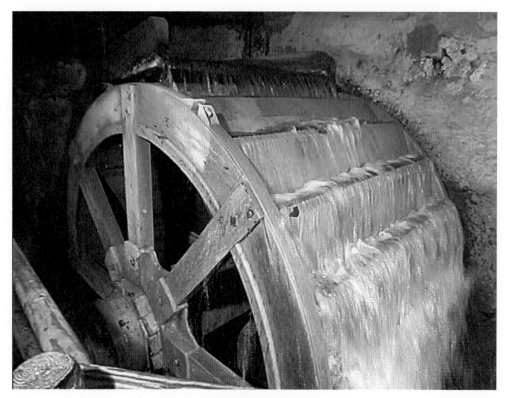

水車磨坊的車輪。

磨坊主人？不如說是巫師！

在中古世紀，磨坊主人是社會的中心人物，但在其他百姓眼中，他們卻始終帶點邪氣。一般人認為磨坊主人知道如何運用大自然的力量，而且磨坊偶爾會製造出神祕的爆炸聲，有時候還會引發大火，這是因為當麵粉的濃度在室溫下達到相當程度時，的確可能爆炸；此外，磨盤所發出的熱，確實也可能會擦槍走火，因而更容易引起居民恐慌。

滾筒磨具接著問世

西元一八三〇年，一位名叫穆勒（Muller，德文意指磨坊主人）的瑞士工程師製造出第一台滾筒式磨具，資金由同胞蘇茲伯格（Sulzberger）支付；而美國人則從一八七九年開始發展這種技術。從那時起，現代磨具就不斷演進，可惜的是，不一定總朝著改善品質的方向進步。

此後,麥粒改經由三到五組的金屬滾筒,進入愈來愈狹窄的空間,被愈來愈強的力道碾壓。相反的,傳統石磨則是將穀粒撕裂,能保存表皮和胚芽中最多的營養成分。

無論在今日或過去,磨坊與麵包師傅的工作仍有著密切關係。早在很久以前,磨坊主人就知道,麵粉的品質左右著我們所吃的麵包品質。

四滾筒磨具,由布羅特(Brault)、特塞(Teisset)與吉耶(Gillet)打造,一八八九年。

麻布之下,麵團在藤編籃裡慢慢發酵。

麵包，可自由發揮的象徵

聖歐諾雷（Saint Honoré），培勒杭圖像館，
埃皮納（Imagerie Pellerin, Epinal），十九世紀。

　　無庸置疑，麵包在千變萬化的外表下，有著象徵意義——每個人在周遭都能看到許多例子。父親很清楚這一點，同時也不斷研究能突顯我們這個行業的象徵意涵，包括人類學、語言學、聖像學、禮拜儀式、歷史、文學和藝術等各領域，不論多隱晦的關聯都能被他挖掘出來。有了他所撰寫的筆記和蒐集的資料，我才能替二十年前出版的《業餘麵包愛好者指南》添補修訂。因此，這一章開啟了新的視野，更寬廣也更豐富，有時甚至令人意想不到。

艾波蘿妮亞‧普瓦蘭

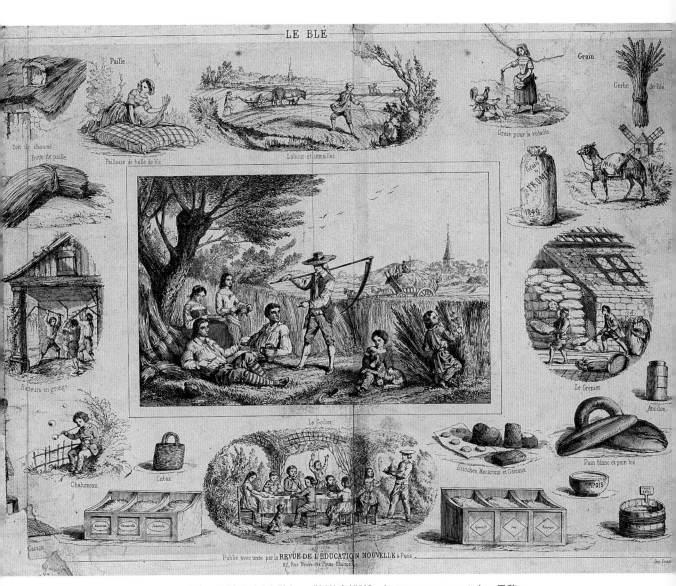

小麥，從播種到成為點心，《新教育雜誌》（*l'éducation nouvelle*），巴黎。

Le pain,
tout un symbole

麵包，象徵

文：里歐奈・普瓦蘭

　　麵包是一種重要的象徵，這句話很多人都說過，我也常聽到各方人士發表這樣的意見。每一次，我總回問他們：「那麼麵包是象徵什麼呢？」有人回答我：「象徵生命。」這個回答並不夠完整，但確實說到了重點：麵包是孕育生命的象徵。

　　從平日生活、閱讀和研究之中的偶然發現，我了解到麵包在人類文明中所扮演的角色——生命傳承。像酵母本身就是生命傳承之象徵，所以西班牙文和英文都是以「母親」（madre, mother）稱之。

從麥作到進烤爐，生命之歷程！

　　「**麵包，因為麥粒的關係，來自於大地。**」貝尼尼奧・卡塞雷斯（Bénigno Cacérès，電影導演）如此寫道。詩人荷爾德林（Friedrich Hölderlin）的句子也與之自然呼應：「**麵包是大地的果實，但受到光的加持……**」

　　關於最初來自於大地的象徵性，我們可以追想雨果所稱頌的「**播種者的莊嚴姿態**」（今日的播種機器較無法灌注抒情靈感）。在埋下種子之處，田地將苗壯豐饒，開啟麵包漫長的經營之路。農人與磨坊主人辛勤付出，他們犁田、耕耘、收割、打穀、挑選、壓碎、磨碾與篩濾，就是為了將製作麵包時不可或缺的麵粉獻給麵包師傅。之後工作坊才開始保護酵母菌種的培養，並且維繫揉好麵團的力道，堅守發酵的祕密，直到等待麵包出爐。以簡單的材料，製成獨一無二的成品，每個環節都與環境變化息息相關，需要艱深複雜的知識與技藝。

豐沃的小麥──希望

幾個世紀以來，小麥也衍生出各種象徵意義，其中最深植人心的就是──「富饒多產」。直到十九世紀，人們仍會對步出教堂的新人灑擲麥粒，祝福他們早生貴子。

古希臘人會將第一批麥穀獻給大地女神狄密特，她主宰農產豐收（與永恆的生命希望）。羅馬人則將麥芽呈給穀物女神席瑞斯，她掌管糧食之收穫。天主教徒後來重拾這項傳統，直到二十世紀初，在復活節的禮拜天，以穀物來讚頌聖母。

收成──豐收與感恩的時刻

收割，埃皮納圖像館，十九世紀。

根據傳統，收割工人應將最後一束麥穗裝飾成「收穫的麥束」。法國東部相信，凡是幫忙點綴這一束麥穗的少女，基本上都能在該年結成美滿姻緣。在其他地區，農民則

會莊嚴地將麥束獻給田地主人,而他會把這束裝飾掛在自家屋裡,在這一整年當中,這一束麥收會為他帶來好運與富足。

等一切就緒,收成之盛宴即可開動。

麵團發酵膨脹——生命力

古早的揉麵盆,揉好的麵團在此靜置。

從每一爐麵團所預留下來的這塊「主腦」,將在下一爐的麵團中散播及培育酵母菌種。這些酵母會「助長」麵團,讓它慢慢發酵,直到漲大兩倍為止,生命的象徵意涵即在此,完整無缺。

「**發酵的象徵表現出強勢旺盛的生命,其意涵因而更加提升。**」《象徵字典》（*Dictionnaire des symboles*）的作者尚·榭瓦利耶（Jean Chevalier）與亞蘭·吉爾布朗（Alain Gheerbrant）如此寫道。

於是,為了祈求麵團能好好發酵,在英法海峽沿岸,流傳著以下祈禱詞:

麵團啊,助長你發酵的酵母已膨起,

快快決定仿效跟隨!

生出你的小麥已站起,

而為了收割麥作,

許多人們都已醒起,

麵包師傅,為了製作你,也已從床上爬起,

麵團啊,快決定好好漲大發起!

揉麵盆是麵包工作坊中的兩大重頭戲之一（另一個是烤爐）。在這裡，師傅緊緊捧著已經培育出菌種卻尚未發脹的麵團，質感結實得像肉，蘊含一種正在進行的神祕活動。這個地方備受尊敬，更好的說法是——深受敬仰。在許多地區，坐在揉麵盆上可是褻瀆行為；而在亞爾薩斯，新娘子還必須拿出意志力，在婚禮當日爬上揉麵盆，藉此證明她在婚姻生活中將獨攬大權！

淘氣的羅馬麵包

這是個極為感官的世界。在某些歐洲國家，從古希臘羅馬時代就遺留下來的民間傳統中，會出現「性器」形狀的麵包。古羅馬詩人馬夏爾（Martial）就曾提過一些頗微妙的菜餚——「小麥麵粉製成的陰莖」，那是一份禮物，由在農神節（Saturnales，Saturne 是播種之神）上縱情狂歡的賓客抽籤獲得。另有許多「麵粉花製成的維納斯扇貝」，某位情婦曾大吃特吃，卻吝於與朋友分享（根據 Nisard 出版社一八七八年的翻譯版本，第十書之短詩二）。

輕佻的威尼斯麵包，哈伯雷式的法國麵包

陽具麵包（款式甚至可分成單一、雙條甚至三條！）顯然比「陰性」麵包常見。我特別想到威尼斯麵包，塞洛斯博士（Celos）在一九一〇年左右出版了一本名稱非常有學問的書：《布利麵包在威尼斯》（*la Pain brié à Venise*），即使語氣嚴肅，其中很大一部分卻在探討最輕浮之事——全歐洲陽具形狀麵包的研究成果，甚至還配上幾幅插圖。他說那些麵包「呈現絕對的形狀完美」，從某種角度上來看，可說是哈伯雷風格（Rabelaisian，源自法國諷刺作家哈伯雷，形容粗俗幽默的風格）！

十多年前，有另一本書討論的也是這個主題，不過僅限於德國領土。作者霍弗勒博士（Dr. Höfler）是人類學家，曾描述過並且畫出他口中保守形容的「遐想麵包」。在當時的紐倫堡，人們會製作雙陽具麵包，而在德國另一端的漢堡還有一種習俗：婚禮時贈送新人一個三陽具麵包。

「陰性」麵包，就我所知，並未曾被好好地完整研究過。不過，隨處不經意發現的「陰性」麵包品質都很細緻：「麵團中加入牛奶（與男版相反），製成『漏斗』狀的小麵包；在義大利，吃的時候會一個個切開，而西西里島西拉庫莎（Syracuse）的豐饒節上則會加上芝麻。」

上述這些傳統，儘管對纖細敏感的人來說太淫亂，其實卻很有意思，因為它們反映出庶民的瘋狂熱情。生活中情慾本就無所不在，然而，這些習俗都極不易維繫，以人類學的角度來說，真是非常可惜。

像麵包這樣的食物必然會腐壞，因此，在考古學上算是暫時性的材料。除了幾個例外：從龐貝城的烤爐中採集而來的麵包（作工十分精細）、古埃及的麵包（保留基本粗胚），以及在瑞士督安納（Douanne）找到的，三千七百五十年前烤焦的米契麵包等。

溫暖的母性概念無所不在

在麵包業用語中，以下這些說法將麵包與永遠的母性概念結合在一起：長形小麵團靜置在一張由亞麻布織的「褥墊」上；而在埃及，放麵團的柳藤籃則稱為「搖籃」；此外，手指般大小的麵包叫做「貝比」，或者，在義大利的納不勒斯，稱為「小天使」，而我一直很想知道，在法國，為什麼會把一種麵包叫做「私生子」，畢竟，在中古世紀的法國，只有合法的婚生子才能當麵包師傅啊！

麵包在烤爐中發育。

類似的說法很多，但另外有些字眼的象徵意涵則讓人困惑，例如烤爐。基本上構造很簡單，卻熱力十足，讓麵包在其中孕育新生命。在布洛赫（Bloch）與瓦布格（Wartburg）所編撰的字根字典中，可以考查到：「**烤爐：腦部、穹窿、私通……**」這種連結邏輯似乎四海皆通，美國也有俗語說一名孕婦為「something's in the oven」──「烤爐裡有東西」，跟法文委婉的說法「她在這一爐麵包中先借了一塊」有異曲同工之妙，指的都是未婚懷孕。

關於這一點，有人告訴我，加拿大的法籍農民認為麵包等同於人體，「麵包店老闆娘把麵包從烤箱中拿出來時，會說麵包『喊叫』；被送進烤爐時麵團是在『發抖』；而『燒烤』沒成功時，就是麵包被『悶到』，還說好麵包有『長眼睛』。」海倫娜・拉貝吉在《政壇廣場百科全書》（*Hélène Laberge, L'Encyclopédie de l'Agora*）中補充寫道：「**烤爐，它所代表的是戀愛生活。**」這在法國也一樣。麵包語彙將這一點詮釋得十分清楚明白。

「黃色」技術辭彙

我只舉一個例子就好：「吻痕」。這個字眼當然來自於接吻，指的是兩塊麵包在烘烤時距離太近，結果觸碰在一起。於是，當看見麵包表皮上出現痕跡時，法國從南到北的麵包師傅都會用上這個技術辭彙：它們接吻了！

「**如果你從未帶任何麵包回家……也未曾在還熱騰騰的麵團上翻找，看看那大小如一個六到十歲男孩手掌的吻痕，那麼，你不懂什麼是麵包。**」摩里斯・勒隆（Maurice Lelong）在其著作《麵包、葡萄酒與乳酪》中如此寫道（*Le Pain le vin et le fromagel, 1972*）。

無論以文字或口語的形式，這些見證比麵包更常出現在我們身邊。更遑論其他的吉光片羽，一則比一則精彩，有好多將麵包視為生命象徵的格言、諺語與風俗習慣。《三百六十行的傳說與新奇事物》（*Livre des légendes et des curiosités des métiers*）一書告訴我們：「**與麵包師傅有關的謎語通常都有雙重寓意。**」而與麵包師傅有關的大部分歌謠亦然。

訂婚與嫁娶

在法國，凡在突顯結合意念的節慶上，處處皆能見到「暗示性」麵包的蹤影。比方說，在香德勒（Chandeleur）的聖潔聖母節慶（耶穌誕生後四十天）之後，接著舉行的是紀念盧波庫斯（Lupercus，羅馬神話中掌管富饒之神）的牧神節。在非宗教的儀式上，可見到呼

喚陽光的蠟燭，以及一疊疊大手筆揮霍的小麥可麗餅，藉以預示繁榮景象。

在布洛瓦-列-貝斯姆（Broye-lès-Pesmes，即後來的布洛瓦-奧比涅-蒙瑟尼，Broye-Aubigney-Montseugny），為了使未婚夫妻能一生相繫，永不變心，他們會來到一處聖泉，交換做成彼此性器官形狀的糕餅，浸入泉水中，然後吃下——出自保羅・塞比友（Paul Sébillot）著的《法國民俗》（Folklore de France）。在佛日地區的馬提尼-勒-拉瑪須（Martigny-les-Lamarche，即後來的馬提尼-勒-班，Martigny-les-Bains），狀況則比較抽象：該年剛結婚的人必須將一塊糕餅扔進村子下方的一座泉水裡，而擠在岸邊的單身漢們，誰要能抓住那塊餅，誰就能在那一年內結婚。

「無論在哪個時代，在所有的祭神慶典上，麵包都會派上用場，人們對神獻上麵粉花。婚禮上，當新人共享一塊麵包，真是最神聖的一刻。」一七六七年，馬盧恩於百科全書中如此寫道。

節慶麵包——世俗與神聖共聚一堂

節慶麵包有各式各樣：訂婚麵包、結婚麵包、生產或生日麵包，還有受洗麵包，像米夏麵包（mitscha），到現在瑞士的瓦雷地區（Valais）仍有這個傳統。

友情麵包、收成麵包和嘉年華麵包，在瑞士的德語區，會由戴著面具的「瘋子」或「小丑」來毫無節制地大方放送。

還有愛情麵包，在聖安德雷亞（Saint-Andrea），每年十一月三十日，中歐的少女們會送給心上人一塊麵包做的「小安德雷亞」，暗示她們願意託付終身。

透過這些場合，可以知道麵包的語言其實很清楚：在所有的節慶中，它都在傳達某種訊息，扮演某種背景（有時已接近藝術品），或以其他特殊形式出現。不管那是巴爾幹半島上讚頌生命的活力慶典，或是虔誠莊嚴的紀念儀式，例如在墨西哥的諸神瞻禮節（Toussaint），人們在墳墓上擺放亡者麵包（pan de muertos）；在阿富汗的伊斯蘭聖日時，人們也會在墓地上灑麵包塊。

冬天——召喚萬物之母新生

隆冬之中，為了驅趕寒冷、陰暗與焦慮，在冬至那天，許多地方都會舉辦溫暖熱情的節慶，賓主共歡，希望很快能再見到陽光重生與富饒的未來。傳統中有世俗成分（召喚萬物之母大自然重新誕生和祈求多產的儀式），並且揉合神聖成分，因為自古以來，在所有民間節慶中，教會的勢力處處可見。

弗朗德勒地區，慈善園遊會上的遊戲：婦女玩咬麵包接力，
M.L.艾利歐特（M.L. d'Elliottt）速寫畫，十九世紀。

聖芭貝的小麥：多產、豐饒、義氣

在普羅旺斯，十二月四日的聖芭貝（Sainte-Barbe）節，人們將小麥（或豆子）放於濕棉花中，讓它發芽，共種三盆，並且要移到溫暖的位置，最好是馬槽模型前面。這三盆麥芽象徵多產、豐饒及友愛義氣。好好澆水是件重要的事：如果到了聖誕節，這三盆植物長出硬挺的綠芽，即表示來年必將豐收，大家感受到富裕，滿心歡喜：麥子長得好，一切都會好！

在匈牙利，十二月十三日是聖露西（Sainte-Lucie）日，人們為來年的收成祈福，孩童們跪在灑在門前的麥草上，許下幸福的心願（而在魁北克，神父則等到四月二十五日的聖馬克節為麥粒祈福）。在瑞典，讚頌光明的節慶中，由家中年紀最小的女孩戴上麥草編的王冠，上面插上蠟燭，手裡捧著滿滿的薑味餅乾和藏紅花麵包──另外還有聖臨期（l'Avent）四個禮拜所要吃的香料小麵包。

人間天堂的香料麵包

啊！香料麵包（香噴噴地）以各種型態出現在中歐地區，食譜的種類繁多，我不禁好奇：這種麵包究竟從哪裡來？它究竟在展現什麼？答案很簡單：伊甸園！

香料麵包由十字軍從東方帶回。香料，謎一般的食物：「**早在尼羅河河水尚未流入埃及之前，人們會在傍晚時分張開網，而當黎明來臨時，他們的網內會出現這些商品，再以重量論價，而後輸入這個國家，也就是薑黃、大黃、沉香，還有肉桂；人們總說這些東西來自人間天堂，說是風將它們從天堂的樹上吹落，就像乾木柴也是風帶給我們的一樣。**」壯維爾爵士（Sire de Joinville）在其著作《聖路易史》（*Histoire de Saint Louis*）中小心翼翼地寫道。

香料從威尼斯上岸，展開歐洲之路。蜂蜜麵包和香料麵包幾乎在每一個地方現身，姿態美妙，具有療效，適合慶典——也許向征服了阿拉伯人的中國蜜糕借取了些靈感。亞爾薩斯地區在西元十五世紀發明了自己的做法（沿用至今），而亨利四世打造了「香料麵包」的地位，來自天堂的香料麵包逐漸累積各種名氣。此外，佩蒂維耶（Pithiviers）保有一份十世紀的亞美尼亞人聖葛利果的食譜；在艾克斯·拉·夏貝勒（Aix-la-Chapelle，德比邊境城市阿亨Aachen的法文名稱），以硬香料麵包做成的阿亨香料餅聞名（人形聖誕餅，最大可達一個真人高），餅裡有杏仁或核桃，據說可追溯至查理曼大帝……那要好好重溫歷史才可得知。

無所謂的，其實，對於懂得傾聽的人來說，香料麵包訴說了很多心意。呈心型的時候，它宣告熱烈的愛火；做成人形，則代表孩童，有時直接是耶穌的形象；當成單純的糕點，可硬可軟，加入杏仁或核桃，處處受歡迎，像是聖尼古拉的小使者。宗教改革之後，聖尼古拉則成為孩童的守護神（同時也是囚犯的守護神，這不禁讓我產生聯想……）。

童年的聖尼古拉

在每年的十二月六日，請試著想像一大群麵包做的小人兒，從法國的洛林省出發到東歐，中間經過比利時、瑞士和奧地利，一齊向聖尼古拉致敬！

在瑞士，小人兒以麵包麵團製成，經過膨發（如「**grittibänz**」），或未經膨發（如蘇黎世的「**tirggel**」加入蜂蜜增加香氣，放入裝飾性模具烘烤，起源具有宗教意義）；或以香料麵包的型態出現，如令人垂涎的巴塞爾「**leckerli**」，其中添加了杏仁和柳橙蜜餞。

亞爾薩斯從西元一一〇〇年起就開始慶祝聖尼古拉節，規模龐大，家喻戶曉；慶典上各種餅乾亂飛（沒有任何人不高興），為的是驅除惡靈。其中有一個由布里歐麵包當身體，葡萄乾當眼睛的小人兒「männele」，和許多香料麵包做成的聖尼古拉。它們提

醒世人，這位來自小亞細亞的士麥拿主教（Smyrne）曾展現許多奇蹟，其中一項是將小麥加倍變多，並且製成麵包分送給飽受飢荒之苦的百姓。在歐洲北部，清教徒曾試圖取消這個節日，但荷蘭仍聰明地捍衛住他們的聖可拉斯（Sinter Klass，即聖尼古拉），甚至在十九世紀輸出到美國，變成了聖塔克勞斯（Santa Claus，聖誕老人），由一九三一年可口可樂的廣告改版，慶賀起年終歲末的其他節日！

格勒內大道的普瓦蘭分店，聖尼古拉與麵包大廚巴斯卡，
二〇〇四年。

亞維儂教皇的甜點——水果蜜餞布里歐

蜜餞的誕生有其必要性：保存水果。從上古時代以來，水果會先浸泡在蜂蜜中，到了十字軍東征時，則改成砂糖。而這種甜蜜蜜的滋味，在教廷的眼中並不算罪過，因為就連亞維儂的教皇們，像克萊蒙六世與烏邦五世都瘋狂喜愛。因此，普羅旺斯的阿普特（Apt）從十四世紀以來，就成為全世界的蜜漬水果之都，填塞在英倫或美式蛋糕中，還有製作德國的各種耶誕糕餅，以及當成「珍貴的寶石」裝飾在普羅旺斯和西班牙的王冠布里歐上。

德勒斯登的耶誕蛋糕

德勒斯登的耶誕蛋糕（Christstollen）是一種用杏仁麵團加上水果蜜餞製成的糕餅，口感既濃郁又綿細。從西元六世紀以來，就在德國薩克森地區的餐桌上占有尊崇的地

位。它象徵包裹在襁褓裡的聖嬰耶穌──在被當成禮品進貢給城堡主人時,那蛋糕可成了個巨嬰,不過似乎也沒有人引以為意!起初,這種糕餅遵守天主教會的禁令,僅以麵粉和水製作;後來,兩位麵包師傅兄弟向教皇請願,要求特權,希望能在材料中加入奶油和牛奶。史料上並未記載當初的請願書是否附帶耶誕蛋糕一起呈上,不過,在十七世紀時,兩兄弟收到一封「同意使用奶油」的信件,附帶有教皇的祝福……從那時起,在薩克森地區,耶誕蛋糕成為聖誕節不可或缺的一部分。

主顯節、幸運豆及王冠

在西班牙,與亞爾薩斯和洛林相反,年終節慶的最高潮是在一月六日的三王朝聖節。他們的想法比我們更深入些:首先,那是以孩子為王的節日,因為直到這個時刻,他們始終在等待禮物(紀念三王帶到馬槽送給聖嬰的禮物);然後,主角是一頂王冠──三王蛋糕(Roscon de Reyes),用布里歐麵團製成,點綴上水果蜜餞(在普羅旺斯的王冠上,蜜餞的形狀像兩顆水滴),大家一起分享。此外,從中古世紀以來,西班牙修道院就拿出天使般的耐心,用心製作的「七重天小蛋糕」,不需其他搭配,仍然是讓人犯饞癮的美味點心。

主顯節(Epiphanie)這個稱呼源自希臘文,意為「顯現」。它說的是福音中三王發現聖嬰耶穌的故事。不過,就法國的部分而言,法式三王餅則要追溯到羅馬時代的農神

普瓦蘭的三王餅。

節（Saturnales）。這個節日紀念的是掌管播種的農神（Saturne），在當天以藏在餅內的蠶豆用來選出節慶之王（幸運豆的樣式實在太繁多，無法讓我提起興致一一收藏）。在十六世紀，三王節引發教會動怒反彈，認為這個節慶的世俗色彩太重；此外，路易十四甚至下令禁止，理由是觸犯褻瀆君王罪。直到拿破崙時代的政教協議（Concordat）才獲得平反。真是讓麵包師傅們謝天謝地啊！

到了希臘，幸運豆進化成金幣（沒錯，「係金的」！），藏在新年吃的聖巴西勒蛋糕裡（Saint Basile）。切開蛋糕後，第一塊應獻給耶穌，第二塊給教會，接下來的給不在的人（水手、漁夫、士兵等），然後再分給全家每一個人，包括搖籃中的小嬰兒。

而到了紐奧爾良，我們的三王餅改名叫國王蛋糕（King Cake），慶賀冬日尾聲的「Mardi Gras」（齋戒前的星期二）嘉年華盛會！

普瓦蘭二〇〇五年版幸運豆，
雅典娜・普瓦蘭創作。

從烏克蘭到日本的長壽小麥

聖誕節剛好在漫漫寒冬的幾個月正中間，與冬至只差幾天，全家人會團聚在桌邊，共進一頓節慶意味濃厚的晚餐。此時小麥在全球始終不缺席，無論是俄羅斯和烏克蘭的「kutya」（以小麥粒與其他穀類煮成的糊），或日本的年越蕎麥麵（toshikoshi，黑麥長壽麵），都用來祈求長壽；較不明顯地，小麥亦隱身在甜點之中，如法國的木柴蛋糕（bûche）、義大利的聖誕麵包（panettone，著名的葡萄乾布里歐！）、大不列顛的聖誕布丁和美國的水果蛋糕等，那是天主教徒為等待聖誕節的子夜彌撒，守夜時吃的「清淡」點心（法國大巴黎和勃艮地地區則吃可麗餅，東邊各省則吃鬆餅）。

普羅旺斯的聖誕節

只有在普羅旺斯，從卡瑪各（Camargue）到尼斯這塊範圍，人們會在聖誕夜料理「豐盛大餐」，奢華海派且虔誠地依照習俗，感謝上蒼的賜與。在餐桌上交疊鋪設三層白色桌巾，放置三座燭台（神秘的三位一體），三盆小麥草，並且多擺一套餐具，供給

可能敲門乞討的窮人使用。

餐桌中央，以「最後的晚餐」為藍本，擺放十二個小麵包（使徒象徵），圍繞一個大聖誕麵包（pain Calendal），上面裝飾有十字架、香桃木、柳木條和小忍冬；這個麵包要被敲破成三份（不用切的！）：一份給窮人，最大的那一部分給賓客，較小的那一塊則放入櫥櫃收藏，保佑屋子不受雷劈不遭火災。

這個習俗讓我想到一些關聯：在波瓦圖地區（不過那是中古世紀的事），在聖誕節前夕揉製的麵包有避雷的法力；而在黎姆津地區，用聖誕節前夕揉出的麵團烤成餅，吃了之後能保人畜平安。

即使七道菜全部都不用肉類，普羅旺斯的豐盛大餐菜色依然豐富。不過，佳餚只有在藏火儀式（Cacho-Fue）結束後才能碰：一家之主和家中最小的孩子一起拿一段粗木柴（橄欖樹、杏樹或其他果樹都可以），繞餐桌三圈，然後淋上老酒，並且點燃，一面唸咒似地吟誦：「願柴火歡喜，明日烤麵包⋯⋯」

直到此時，才能開動晚餐。

在子夜彌撒後回家則享用著名的「聖誕節十三道甜點」，其中有一道「**油炸管**」（「**pompe à huile**」或「**gibassier**」，又或「**gibassié**」），像一種薄的佛卡夏，綴有麵粉花與橙花，不能切，一定要用敲的，否則整個就被破壞掉了！

掉下來的碎屑要小心處理：晚餐所掉下的麵包屑要留在桌上，在子夜彌撒時，獻給亡靈。聖誕節前夕，人們已經用一點麥穀供養過小鳥，並且餵牲畜分量超多的一頓飯，也要分送麵包給窮人，與鄰人和好盡釋前嫌。

麵包保佑你

人們經常直接從象徵意義「順勢跳到」神奇的力量。就這一點而言，從希臘羅馬時代以來，西臺人（Hittite，羅馬帝國前身）即堅決深信麵包是保護弱小的軍隊；如果保存得當，發黴的麵包能夠驅除瘟疫。

經過祈福的麵包，被賦予近乎超自然的能力：趕走閣樓和倉庫裡的老鼠；還能讓母雞多下點蛋，五旬節那天在口袋裡放一個，就能贏得官司。進行彌撒時，教區各家庭的小男孩們會把麵包帶去教會，接受祈福，然後跟在場的人分享，再帶回家給沒去參加彌撒的人。從查理曼大帝時代到加拿大移民，這個習俗延續了許久。在阿爾卑斯山北區的上摩里安流域的巴拉曼（Bramans，Haute-Maurienne），每年的八月十五日仍會舉辦一

項儀式：大皇冠麵包和小麵包（micons）堆積成塔，加上彩帶與花朵裝飾，由該地居民穿著薩瓦地區（Savoie）的傳統服飾抬出，消防隊員則從家裡翻箱倒櫃，打扮成拿破崙時代的禁衛軍，遊行隊伍顏色鮮豔（顯而易見）。

然而，在餐桌上，小心別將麵包反過來放的這項禁忌，跟宗教或巫術卻沒有關聯。從中古世紀起，這個動作其實是麵包師傅對查理七世一項法令的反抗：這項法令規定麵包師傅必須招待巴黎市的劊子手，而所有人都看不起這個「**以殺害同胞為職業的人。為了表示嫌惡，麵包師傅把給劊子手的麵包反過來，放在檯子上，藉此與其他麵包區**

純潔少女分送祈福過的麵包，石版畫，塞勒斯汀・南特伊（Célestin Nanteuil），十九世紀。

隔。從那時起，將麵包反面置放即被視為一種不吉祥的兆頭。」——出自《如果麵包會說話》（*Si le pain m'était conté*），貝尼諾・卡塞列斯（Bénigno Cacérès）。

無酵麵包——純潔的象徵

若說發酵的麵包令人聯想到孕育與母性，未摻酵母（也不用麵種）的麵包則象徵純潔與貞潔。這種無酵麵包象徵聖經中的祭祀食品，在所有祭奉上帝的場合都派上用場。

對猶太族群而言，這種麵包更是回埃及之紀念，在那段期間，法令規定希伯來人只能吃未加酵母的麵包——所謂的「窮人麵包」。無酵麵包像是脆脆的小薄餅（基本上如此），用在某些嚴謹遵守規矩的儀式上：像每星期的安息日，為麵包祈福（Kiddouch）之後，白色餐桌上會點亮了蠟燭。不過，最常見的是在猶太復活節以及其後的一星期，

因為「羔羊節」（Hag Ha-Pessah）已納併了「麵包節」（Hag Ha-Matsoth），只剩節慶的日期被保留了下來——收割初期，麥穗月的第十五日。

對天主教會而言，無酵麵包也具有深層意義。它以白色聖體餅之形式，象徵的是耶穌基督在「最後的晚餐」的聖體。未曾培育酵母菌的概念與基督不謀而合——未經肉體結合而誕生之結晶。此外，「伯利恆」（Bethléem）這個字在希伯來文中，即為「麵包之家」（在美好年代，許多麵包店都拿著這個字眼當作招牌）。

若說耶穌常自喻為麵包（「**我是來自天上的活麵包**」），教會更把這個隱喻發揚光大，首當其衝的就是這句讚美詩：「**天使的麵包降臨人世……**」

相反的，東正教和清教徒則明顯偏愛用日常生活中的麵包（也就是發酵麵包）以及葡萄酒來讚揚聖體。東正教徒甚至責難拉丁教會使用未發酵的麵包，這件事對於教會分裂成東西兩派（西元一〇五四年），造成了頗沉重的影響。

麵包，發自人類最深的共同無意識

人們常認為麵包的象徵意涵是宗教的發明，我始終覺得這個想法並不十分妥當。我有一種感覺，但這只是個人看法，麵包之所以成為生命的象徵，力量其實來自我們人類最深的共同無意識。

別忘了，麵包比任何已知的宗教都出現得更早。公元前十二世紀的伊特拉斯坎人（Etrusques）似乎早已把麵包當成象徵，而某些人心目中的史上第一位一神教論者——法老王阿肯納唐（Akhenaton），在他的新都阿赫塔敦（Akhet-Aton）的宮殿周圍，就建造了數量驚人的麵包舖。

最後的晚餐，細部圖，十九世紀版畫。

藝術中的麵包——偉大經典的重心

　　以神學角度討論麵包該不該加酵母，其實突顯出雙方對麵包的敬意。而麵包在基督教文明中的象徵意義分量，與最後的晚餐之主題頗有關聯。我每每驚訝地看見，在知名畫家的作品中，凡有餐點或食物場景，麵包總被安排在畫作的重心位置，彷彿這幅畫面當初是以它為中央逐漸構成。這個現象跨越好幾世紀。在達文西的「最後的晚餐」或彭托莫（Pontormo）的「基督降架」（La Déposition du Christ）中，這一點都十分明顯；我想到的還有勒南（Le Nain）的「農人的晚餐」（Repas des paysans），以及維梅爾（Vermeer）的「倒牛奶的侍女」（La Laitière）。至於在名畫「草地上的午餐」（Le Dèjeuner sur l'herbe）中，麵包就散落在裸女身旁，我一點也不訝異，這必定是馬內的刻意挑釁！關於這一點，且讓我離題談談「鄉野」：若米勒的「拾穗者」受到布利（Brie）與包斯（Beauce）大部分的農莊肯定，那是因為畫評說得沒錯，這幅畫所傳達的確實是一則政治訊息。麵包與政治之間始終維持緊密的關聯。

「在麵包吃到飽的餐廳裡⋯⋯」，《喧鬧報》（Le Charivari），十九世紀。

Le pain, matériau stratégique en politique

麵包，政治策略題材

文：里歐奈‧普瓦蘭

　　曾有很長一段時間，麵包是一種重要的政治武器，因為它占家庭預算最重要的部分，同時象徵溫飽——俗話說「肚子餓就沒耳朵」。幾乎可以這麼說，從古羅馬時代一直到最近的今天，當權者算是常被麵包和麵包師傅把持的人質！

　　羅馬皇帝們最首要的煩惱就是確保人民有足夠的麵包吃。奧古斯都曾禁止貴族與元老會的議員前往埃及，當時埃及是羅馬帝國的穀倉，由一支人民自衛隊監守。麵包舖都被「國有化」，麵包師傅則終生無權更換職業。失業者所領取的津貼，最初也是麵

MALHEUR ARRIVÉ À PARIS LE 21 8br 1789 À 8 HEURES DU MATIN.

Le nommé François, Boulanger, rue de la Suiverie, fut enlevé de sa Boutique par une foule de Seditieux qui l'ont conduit à la Ville, ou on l'a accusé d'avoir chez lui des pains pourris: la fureur du Peuple sans attendre que la justice fut rendue arrache cet innocent de devant ses Juges, et des scelerats le pendirent au fatal Reverbere.

西元一七八九年，麵包師傅法蘭斯瓦被群眾擄走，當場吊死……十八世紀版畫。

一七八九年，暴民掠奪巴黎麵包舖，十九世紀版畫。

粉，後來，西元三世紀的奧勒里安皇帝（Aurélien）進一步改成發放麵包。有個細節會讓現代的經濟學者打冷顫：當時失業者的身分竟然可以父傳子（不過，羅馬帝國衰敗的時日也不遠了！）。

麵包在法國歷史上始終隱隱占有一席之地，其盛產或匱乏牽動著社會之安定或緊張危機。當亨利四世遭到暗殺，財政大臣蘇利擔心引發暴動或外來進攻，第一個反應就是掃空巴黎所有麵包舖，將麵粉鎖在巴士底監獄，親自監管；藉由這個手段，面對攝政的瑪麗太后，他因而掌握了大權。

法國大革命是麵包過分漲價的許多後果之一，昂貴的麵包比飢荒更嚴重，人民論及責任，將矛頭全指向路易

法令明文規定麵包重量，以防偷斤減兩，
道彌耶畫（Daumier），十九世紀。

十六。一則謠傳流言造成民眾攻擊巴士底監獄，因為聽說那裡是存放麵粉的地方，而三個月後，瑪黑區的麵包師傅丹尼斯‧法蘭斯瓦被誤控囤積麵粉，竟遭群眾在格列夫廣場（Place de Grève）吊死。在這段時期，經歷過一次罕見的夏旱之後，百姓在凡爾賽想找的不是國王皇室，而是「麵包師傅、麵包舖老闆娘和麵包舖小夥計」。

突擊行動，宣傳手法

混亂的年代裡，麵包、麵粉和小麥變成戰略物資。倉庫與穀倉是首要目標，由於可能成為各方絞盡腦汁以狡猾手段取得的覬覦對象，所以都受到保護。

有人告訴我一個親身經歷，是關於一次鮮少人知的「麵粉行動」，發生在巴黎解放時期，巴黎安全存量約一百公斤的麵粉差一點全毀。當時那些麵粉都存放在聖德尼平原（Saint-Denis）的軍需倉庫裡，由軍糧供應部來管制。有些藥錠黏在麵粉袋上，散發出鼠

麵包配給制—這位先生正要到城裡用晚餐，
夏姆（Cham）畫，十九世紀。

疫的味道。很顯然地，袋子裡的麵粉已不適合製作麵包。

官方展開調查，人們懷疑設想這個破壞招數的人究竟有何動機，而且目的何在。結果，沒想到這個味道不久後就慢慢散了。

人們拿這些麵粉去試做麵包：成果其實還不錯。幾天之後，所有存貨都使用完畢，並未發現任何問題。原本這些存糧確實曾暫時無法使用，為了——誰會懷疑呢？——引發一場未能實現的政治行動。

有時候麵包也可以用做宣傳手段。我有一位顧客是法航的空中少爺，他特別告訴我，在七〇年代，有一家莫斯科報社刊登了一張照片，顯示普瓦蘭麵包店前長達二十公尺的排隊人潮——這種事偶爾會發生。但報社卻加上以下說明：「歐洲資本主義面臨危機懲罰，食材原料供應出現問題，因此造成麵包匱乏……」

麵包與政治之間存在著多種關係。串連兩者的主線被稱為「季芬效應」（effet Giffen）。英國經濟學者季芬研究歷史後建立一項學說，說明麵包這項民生基本食物，長久以來是占家庭預算最大的一部分。他認為這是因為其他食物太貴，飽足感又不如麵包。麵包漲價的時候，其他食物的消費也跟著衰減。消費者為了填飽肚子，不得不選擇多花錢買麵包。季芬根據這個弔詭的現象下了結論：「麵包價格漲得愈高，人民吃得就愈多。」這就解釋了為什麼在某些時代，人民對麵包師傅的觀感很差；同時也說明了，為何所有關於麵包的行業（其中有些從十六世紀或十七世紀就存在），要明文訂下各種規則條文與禁令——這都是工業革命帶來的影響。

SUPPLÉMENT ILLUSTRÉ DU « **JOURNAL** »

5

LA FAÇON DE MANGER LE PAIN

— Pour manger le pain, dit la civilité puérile et honnête, il faut le rompre en petits fragments que l'on porte successivement à la bouche.

.....Mais il existe également une à l'usage des gens à qui la modicité ces n'a pas permis de s'offrir une cation

seconde manière de leurs ressouraussi bonne éducation

Dessins de **Jean Villemot.**

尚・維莫繪，一九一〇年。

麵包乾塊小販和布爾喬亞

「麵包不可以丟掉。」或許，從小聽到大、代代相傳的這句話，最能清楚證明麵包是生活的象徵，而且對許多人而言，甚至是一種幾近神聖的食物。

很詭異的是，在十九世紀末，麵包造就出一種在今日看來並不特別讓人垂涎三尺的行業：「老麵包舖」，或者可以用另一種方法稱呼：「二手麵包舖」，在當時，那些麵包也算不上好吃，但總算讓窮人有機會吃到。

那時候，巴黎的「拾荒工業」正欣欣向榮，聚集了約兩萬名失業者——都是巴黎的麵包師傅們。鬼點子不絕的夏伯利亞（Chapelier）發展出一套既可回收資源、重新處理、提升價值，然後再次販賣的方法……那就是蒐集麵包硬塊，來源是各餐廳和食堂等。

我們知道，在鄉下，吃剩的麵包以前（現在也還是）都被用來養肥家禽、餵小母雞、給狗兒的湯添加菜色，以及獎賞母羊、驢子和馬匹等。而在城裡，什麼細小的用途都有可能，就連公園裡的麻雀和鴿子都能分享孩童吃點心掉下的麵包屑。

夏伯利亞先生發了一筆財，他很有經營的頭腦，在聖賈克區創立了一間「工作坊」。許多婦女和孩童在那裡重新切分、去皮、搗碎和包裝麵包塊，再將各式各樣的產品運送到消費者面前，例如麵包粉、「湯用麵包塊」（篩選過的麵包塊，經過烘烤，包裝成燉湯專用的產品）、「麵包皮糊」。此外，也有「窮人菊苣」——特地燒烤製成，取了個高貴名稱的「特選菊苣」。還有——牙膏，用燒焦的麵包塊和不小心「焙烤」後的渣子做成。

不過，這件事其實蘊含了一個教訓。至少我是這麼認為。

當時有個布爾喬亞富人詢問一名拾荒者：「這位老兄，您都拿這些麵包皮做什麼？」對方回答得很直接：「我把乾淨的吃掉，不乾淨的就弄給你們吃……」這是真話：再深入一點研究夏伯利亞的回收系統後可以發現，次級麵包皮大部分都流入普托（Puteaux）或克里奇（Clichy），這些郊區的特色是替布爾喬亞看孩子的褓姆特別多。那些有錢父母當然不知道，他們下一代吃的麵糊和麵包湯都是用什麼做的。

從拾荒者的想法，我似乎讀到這樣的訊息：「你這個巴黎闊佬，不懂得尊重嘴裡吃的麵包，搞清楚吧！麵包皮可是留給你兒子吃！」

Le pain et l'art

麵包與藝術

文：里歐奈・普瓦蘭

　　麵包可以被視為一種藝術素材，擁有特殊質感與存在感，可以表現豐富細膩的層次與密度。當然，木頭、金屬和樹脂等材質可以保存較久——但那真的是最該優先考慮的特性嗎？據我所知，藝術與麵包的結合可追溯到古羅馬時代：一位藝術家受邀到一棟貴族豪宅，似乎是在龐貝城，製作一個里拉琴形狀的麵包。從那時起，麵包與藝術便成為好搭檔。

麵包，超現實主義素材

　　西元一九六八年，我認識了達利。這位自稱「仍活在人世的最偉大畫家」當時正在尋找一種「永恆的麵包」，要像瑪瑙一樣堅硬。在準備完成這個夢想的時候，他請我替他用麵包製作一些奇特古怪的東西。首先是用來放他畫作的畫框，後來，物品的尺寸愈來愈大。每天早上十一點一到，他就打電話來訂製新的麵包雕像。我樂於參與這場遊戲，每一次都答應。

　　最後我製作出一房間的室內家具，包括所有的椅子。只有一樣東西特別奇怪：金屬絞鍊！我設計並塑造出的櫥櫃是荷蘭風格，分成上下兩段。我選擇這個風格是因為它最接近西班牙形式。床舖周圍有四支柱子架起天蓋，當然也是用麵包做成，尺寸與實際床

里歐奈・普瓦蘭與薩爾瓦多・達利，一九七一年。

吊燈，達利作品，每年重新製作。

鋪一樣，並且搭配老祖先留下的裝飾圖案：如麥穗和葡萄藤等。當然，沒有人能真的躺上去：畢竟麵包距離大師所要求的瑪瑙硬度還差很多。吊燈麵包內則是空心的，穿了電線即可發光。

這一切所代表的是繁瑣的浩大工程，但我也從中學習到許多。達利的想法在實用性和需要性上，多少有些過分講究，而且對我來說，保存這些作品也極費力氣。根據達利以及中間人的說法，他想像的是一個未來的情境——世界末日的景象，在那個時刻，麵包做成的家具成為不可或缺的珍貴資產。當然，在非不得已的情況下，若自己的家具能吃，或許幾個世紀以來早已拯救了數以百萬計的生靈。

對於「為什麼要用麵包做家具？」這個問題，達利給我的答案有時候一本正經：「只有這個辦法能讓我知道家裡有沒有老鼠！」或者，他也會滔滔不絕地愈解釋愈叫人迷惑，例如：「麵包就像布列塔尼亞的安娜家徽上的銀貂，象徵純潔。銀貂的雪白皮毛貼切地表現出麵包的內裡部分。也因此，這份置放在藤籃中的純白無瑕更突顯出安娜公主那句名言的力量：寧願腐敗。」

姑且不論這些，環顧這間不尋常的臥房，雪白與棕色相間，形成一系列變化多端的漸層，營造出一股非常美麗的效果。

後來，我認識了雕刻家賽薩（César）。對於他的作品，我僅有非常粗淺的認識。我只知道他肆無忌憚，無論是汽車、馬達、古老的珠寶、鋼板和不銹鋼等，隨意就用機器壓扁，無法想像麵包能進入他的領域。

賽薩探尋的主軸是「壓縮」，但是相反的，「膨脹」也是他關注的藝術範疇。賽薩會拿兩種塑膠產品，讓它們乳化、發脹、淌流。當這些型態的美感到達最適當的程度，他就將之凝結固定，再不斷拋光細磨，以非常特殊的技術，做出最完美的呈現。

這種膨脹創作與麵包之間的關係不言可喻：麵包也是一種經過膨脹的材質，較原本的體積脹大了好幾倍。這個特性讓賽薩非常熱衷著迷，終於在一九七三年，催生出一次與我們的合作，成果豐碩。他彷彿想賦予麵包更多生命力，也或許出自一絲微微的自戀，賽薩一開始試圖用麵包做自己的頭像，當成獎勵。這件事很困難，結果也不盡理想：我們調整了幾次烘焙方式，並且嘗試使用小麥和黑麥麵團，得出各式各樣的質感，從粗糙的砂礫感到玻璃片一般的感覺都有。

賽薩選擇了其中某幾種頭像，其他的都淘汰。最成功的幾個則被浸入一些塑膠液體之中，然後硬化。剩下的就在開幕儀式的雞尾酒會上吃掉！當時，賽薩把他的頭切成片，分享給賓客時，營造出的那種「基督式」氣氛，至今仍叫我印象深刻。

晚宴上，有人告訴我其中一個麵包雕像在拍賣會的成交價格。大致算了一下之後，我有點吃驚：和黃金一樣的價格！那真是全世界最昂貴的麵包！

在賽薩的頭像作品出現二十年之後，我又參與了另一次藝術與美食的結合。不過，這一次用麵包製作的是腳，獻給克勞德與法蘭斯瓦-札維爾·拉藍（Claude&François Xavier Lalanne）的「食人族晚餐」（Dîner cannibale），於西元二○○二年四月二十四日在巴黎網

用麵包做一隻腳，製模，主題：食人族晚餐，二○○二年。

球場國家藝廊（Galerie nationale du Jeu de Paume）展出；在那次展覽上，還有丹尼爾‧史波耶利（Daniel Spoerri）的「陷阱畫」（tableaux-pièges）系列。史氏是食藝術運動（Eat-Art）的領導者之一，這項運動意味著用來吃的藝術，或稱為可吃的藝術。「視藝術品為溝通媒介之反芻思考。」這則思考於十場共一百二十道大餐組成的盛宴中展現，觀眾看到的是饗宴後的「殘餚」……而我們這邊也一樣，在史波耶利要求訂製之後，我們也進行了一場思考：怎麼樣的腳值得特地製模讓人去咬一口呢？當然，那該是女性的腳。結果我們選了一位麵包師傅的太太來當模特兒。

麵包與小鳥

　　美國畫家（兼攝影家）曼雷（Man Ray）也曾研究過麵包，並且在一九五八年以麵包為題材展出過好幾項作品：一座青銅天秤上放了兩條麵包；棍子麵包漆塗成蔚藍色，取名「青色麵包──青鳥最愛的食物」（Blue bread favorite food for the blue birds）。

　　麵包與小鳥之間這層特殊關係給了我創作靈感。我想，在我的作品中，做為表達藝術的素材，麵包的使用已發揮到了極限──那是一只完全用麵包做成的鳥籠。一次烤製一根細棍，再用各種技巧組合起來，使它能站得穩，並且能容納下真正的小鳥。鳥籠呈圓柱狀，很大，加上模仿稻草屋頂的錐形蓋子，小鳥能在裡面待一段時間──只能待上一小段時間，因為牠的囚籠同時也是牠的食物，容器（鳥籠）將變成內容物（小鳥胃裡的），然後小鳥將漸漸獲得自由。

　　住客飛走了，鳥籠美麗依然，或許，由於多了圍欄上那個大洞，甚至顯得更美；那個洞，對某些人來說是個小插曲，對

麵包做成的鳥籠，里歐奈‧普瓦蘭創作。

普瓦蘭麵包碗搭成的高塔，帕特·芭達妮製作，一九九七年。

其他人而言則可以是一種藝術品。我這個鳥籠得到西班牙的費格拉斯博物館（ Musée de Figueras，Figueras 在巴塞隆納附近，是達利的故鄉）賞識，在那裡展出了一段時間。

　　一九九五年，加拿大女藝術家帕特·芭達妮（Pat Badani）也聯絡上我：她計畫用麵包製作巴別塔。這座塔中央以鑽了洞的麵包碗搭成，像一個個圈圈套在一條長長的繩子上，搭成好幾層樓高。這條以麵包製成的長蛇從一棟房子的屋頂垂下。評論是這麼說的：「無論在素材或想像上，完全離題胡扯。」

　　為了實現計畫，芭達妮花了兩年的時間，在榭爾旭米帝街和我們來自各地的麵包師傅一起工作。她說她永遠不會忘記這支巴別塔團隊：「**馬塞爾、菲力士、佩西、文森和派提克，他們耐心十足，隨時配合，陪伴我在麵包坊裡度過了漫長但美好的工作時光！**」她如此寫道。

　　這份成品在巴黎的加拿大文化中心展出（一九九七年），名稱是：「塔——觀念藝術之塔」（Tower-Tour Art Conceptuel），獲得熱烈的迴響，隨後幾乎在世界各地巡迴展演。在加拿大展出之後，我收到芭達妮來信：

　　「**信裡附上一些照片，看得出來，這個麵包做成的雕塑，經過兩個月的展示之後，已經出現一點消逝的徵兆。另外一系列照片則是在展出的最後一個星期照的，更多的麵包碗不見了，尤其明顯看出麵包塔漸漸往下降，掛繩都裸露出來了，而且堆在窗邊的那段麵包碗愈來愈少。參觀者眼見鳥兒在這三個半月內飽嘗普瓦蘭出品的芭達妮麵包碗，都大呼精采！**」

我之所以支持這個計畫，是因為覺得這位觀念藝術家極富創意，並且堅毅執著，全心投入。不過，無論是我的夥計們或是我本人，大家當初都沒想到會替小鳥舉辦這場盛宴……

民間藝術，麵包無國界

烏克蘭婚禮麵包（Korwaj），「麵包上的小鳥」，里歐奈·普瓦蘭。

麵包與小鳥之間的詩意關係還刺激出其他作品。我想起一個非常古老的習俗：名為「Korwaj」的婚禮麵包，由烏克蘭的母親們代代相傳製作。這種圓麵包大如禮帽，上面覆蓋著許多麵包做成的小鳥，體型小如拇指。每隻小鳥都經過精心雕塑，非常傳神地「啄」著麵包；而鳥隻數量多到幾乎把牠們下面的麵包都遮掉了。烏克蘭人說，這些小鳥代表賓客，另外有兩隻小鳥，位於麵包最上方的鳥巢裡，則象徵即將比翼雙飛的新人。我曾製作過一個，只是想學個經驗玩玩，並且表達對烏克蘭婦女的敬意！

在立陶宛，首都維爾紐斯（Vilnius，舊稱維爾納，Vilna）一帶，農民用麵包內層製作五顏六色（乾燥的麵包肉很容易上色）的美麗大花朵，賣給前去波蘭琴斯托霍瓦聖母院（Notre-Dame de Czestochowa）朝聖，供奉黑色聖母的信徒。這項習俗如今已盛況不再，花朵也愈來愈小，但品質仍然維持著。農村婦女用上了色的麵包心做出小別針，在當地兜售，是帶有民間藝術風格的飾品。原本的節慶傳統，現在成了日常生活中的手工創作。

在南美洲，安地列斯山的高原上，當地居民用麵包捏成小偶，讓人想起義大利以及普羅旺斯最古老的泥塑小玩偶（用乾麵包塗上油彩並且上釉製成）；在秘魯，馬槽模型

凱薩琳·芭尤（Catherine Baillaud）以鹽麵團製作的馬槽模型細部，
鑿挖於一個普瓦蘭米契麵包裡，一九九三年。

裡也住滿這樣的小玩偶；在玻利維亞，它們則是墓地上追悼儀式的一部分；在厄瓜多爾的基多（Quito）一帶，它們小到令人難忘：高度不到四公分，用玉米麵包捏塑，然後塗上鮮艷的彩繪。

　　凱薩琳·芭尤（Catherine Baillaud）在一九九三年用鹽麵團製作了類似的小人偶和小玩意：那是一座建造在普瓦蘭米契麵包裡的鹽麵團馬槽。

　　義大利人已將許多宗教場景色彩繽紛地呈現出來，特別是那不勒斯馬槽附近的耶穌誕生畫面。

　　然而對我來說，在西西里島上的薩勒米小鎮（Salemi），每年的三月十九日，紀念聖朱塞貝（San Giuseppe）的麵包節（feste del pane）更是豐富了麵包的慶典，節慶上各式各樣的小麵包別緻極了，真是一場無人可及的視覺饗宴。這項超越時光的儀式可追溯到中古世紀，而且精髓並未失傳，當地人家仍然與老祖先一般虔誠投入，以無比的耐心精雕細琢出上百個具有象徵意義的麵包。這些麵包裝飾在臨時為聖朱塞貝所搭建的「祭壇」裡，以及祭壇周圍披掛了香桃葉和月桂葉的木頭拱門上。然後，所有親朋好友都來聚集在這場「最後的晚餐」之前，共享一百零一道佳餚！

上方與下方：薩勒米小鎮（西西里）獻給聖朱塞貝的麵包雕刻。

每一個麵包都有其特別涵義，整體之呈現綜合了基督教、異教、傳統及民俗等各方精神。比方說，基督徒的魚、復活節的羔羊、象徵永生的孔雀、象徵貞潔的玫瑰和象徵正義的老鷹，全都擺放在一起……而這一切的組合本身也非常具有象徵性：那是圓滿富饒，神賜的果實。

無論你是人類學、社會學、歷史學者、好奇好學之人，或者是麵包師傅，這場盛會絕對值得特別前往，親自體驗！

囚犯的麵包屑

其實麵包是很容易處理的材質，並且可隨意創作出各種堪稱神來之筆的傑作！若除去麵包外殼，取出內裡沾濕，揉捏過後，就成了很柔軟的麵團黏土，因此打進監獄毫不費吹灰之力。我見過一些由受刑人以麵包屑製出的驚人作品。比如說，在聖錫爾歐蒙多爾（Saint-Cyr-au-Mont-d'Or）的國立高等警察學校的博物館，曾展出以麵包製成的女性拖鞋、以麵團編成的花籃；還有較陰沉的題材——由十九世紀末的犯人製作的斷頭台行刑場景。另外，在亞耳的阿拉坦博物館（Museon Arlaten d'Arles），由普羅旺斯諾貝爾文學獎得主斐德烈・米斯特拉爾（Frédéric Mistral）於一九〇九年贈送的，分成好幾層的馬槽村落——長一百二十公分，高八十公分，令人發出難以置信的讚嘆，那是在土隆（Toulon）的監獄打造的，運用了所有在牢房中所能找得到的克難材質：麵包屑，另外還有貝殼、鏡子和陶瓷的碎片、羽毛，以及布料等。

在俄羅斯的監獄，我也找到了麵包屑的蛛絲馬跡。據說列寧本身在此也用麵包製作了幾個墨水瓶，若碰到牢房臨檢，還可以吃掉滅跡。不必擔心消化系統出問題，因為他用牛奶來書寫，這種墨水不傷腸胃……得知這則訊息後，我曾寫信詢問莫斯科的歷史博物館，得到的回應如下：「**我們沒有任何文件能證明列寧曾用麵包做墨水瓶。關於這個說法中的物品也沒有保存記錄。**」從某方面來說，傳言的真實性就更加可信了。

一九〇〇年左右，在土隆監獄所製作的馬槽，亞耳，阿拉坦博物館。

挑戰與把戲

西元一九七九年，我開始創作另一種類型的作品：一個巨無霸麵包，其實是假的，因為它的體積太大，世界上最大的烤箱也放不下。

為了實現這項計畫，我請來好友提耶里・維德（Thierry Vidé），他是聚酯材料的專家。我知道無論體積多大，無論什麼東西，他都能用軟塑膠做出來：他甚至曾為大導演費里尼製作一整個騎士團，因為動物保護協會禁止劇組屠殺四十匹馬，而電影劇情偏偏有此需求！

我的巨無霸麵包當然不是隨便決定大小。許多藝術家喜歡玩這一類極限追尋，達利當然是其中一位。而在他之前，飛行家山度士-杜蒙（Santos-Dumont），在上個世紀初，把家具載上了飛行器，宴請賓客在離地二點五公尺的空中吃晚餐（菜餚皆以一個帶有長手把的拖盤送上）。

至於我呢，我已打定主意：這個巨無霸麵包要用體積顯示出一個法國人一生之中平均消費的麵包量。經過計算之後，我需要一個直徑約為四到四點五公尺，高度則介於一點三到一點五公尺的大米契。這件作品在好友的工作室裡完成了，說實話，感覺真的很棒。麵粉的綿細質感，暴露在高溫熱力下所造成的深淺色調，全都呈現出來了；還包括烤裂開的縫，在這個比例之下變得好大，簡直像科幻作品。製作過程中唯一的災難是有

（假）米契，代表人的一生吃掉多少麵包。構想：里歐奈・普瓦蘭，
製作：提耶里・維德，一九七九年。

一次不小心從麵包頂端摔下來。為此我特地打點了幾個細節，因為社會保險絕不會接受有人竟然從米契麵包上跌落，而且還扭傷了腳踝！

這個傑作需要一個相襯的背景。於是我們到協和廣場拍攝了許多照片。同樣的，後來我們又做了一個四公尺長的棍子麵包（這次是用真的麵包烤成），我則選擇了艾菲爾鐵塔當布景。那時我們三、四個人合力抬著這根大棍子，比對待巨無霸米契更加小心翼翼。

一九九八年，賽薩再次光臨我們位於榭爾旭米帝街的店面。他的新計畫是用麵包做成足球！用麵包烤出球體的困難度極高。據我所知，當時尚未有任何麵包師傅接受過這項挑戰。幾番嘗試之後，我們終於做出了麵包足球，非常逼真，好似渾然天成。這些足球在榭爾旭米帝街和格內勒街的店頭櫥窗都展示了一段時間。

一九九八年世界盃，麵包做成的足球。

演出、童話及傳說

一九九三年十二月，為了慶賀酩悅香檳兩百五十週年，在凡爾賽宮舉辦了一場戲劇演出，主題為「曖昧」，結果大獲好評。酩悅酒廠的友人之前請我以麵包為這場盛事的超大餐會做出各種裝飾，還要有「裝飾用麵包」；而用來吃的則是以雙粒小麥麵粉做成的麵包（épeautre，那是一種古老的小麥，質地柔軟，麥穀卻受到良好保護），形狀是「朝鮮薊」。那是在法國大革命期間流行的款式——我在馬盧恩珍貴的百科全書裡找到它們的重要特色。

我以麵包師傅的身分受邀參與，替這場盛會贏得特別的迴響。當初構想時，我所抱持的心態如下：「普瓦蘭麵包舖參與一場行動，要低調地抹平一七八九年所留下的傷

普瓦蘭為酩悅香檳（Moët et Chandon）兩百五十週年慶所做的布置，一九九三年，凡爾賽。

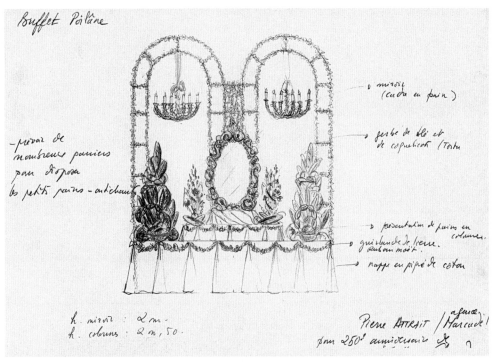

酩悅香檳（Moët et Chandon）兩百五十週年慶在凡爾賽宮的布置草圖，
皮耶·阿特烈（Pierre Attrait），巴黎盛事馬卡迪事務所（Agence Marcadé Event-Paris）。

痕。以麵包為慶祝焦點，在此充分發揮了與過去和解的效用。而十八世紀末的這場歷史動亂之最悲慘在於，人們開始掠奪麵包師傅及小學徒。在凡爾賽，面對這個社會的飢荒事件，麵包是溫和又無力的主角。」

酩悅盛會過後五年，一九九八年的國家遺產日，在韋克辛阿爾緹的中古世紀城堡杜爾內勒（château médiéval des Tournelles, Arhies, Vexin），我彷彿重溫了孩提時的天真快樂，根據地主胡格斯・福嬰樹爾（Hugues Flochel）的草圖，我用麵包製作出一張餐桌，桌上點了蠟燭，桌旁還擺了幾張椅子，可以用來接待金髮女孩和三隻小熊，而桌上的晚餐也一直在等著他們光臨呢！

「**超現實主義未死，**」達利曾這麼說（大意如此）：「**它還存活在麵包業。**」童話幻境也是。

里歐奈・普瓦蘭

麵包做成的餐廳「金髮女孩」，阿爾緹城堡（一九九八年國家遺產日），構想：胡格斯‧福婁榭爾，製作：普瓦蘭。

伊布與里歐奈·普瓦蘭，攝於伊布的工作室，二○○二年。

Dialogues entre Poilâne et les artistes

普瓦蘭與藝術家的對話

　　父親向來與藝術家關係密切，相處熱情。他之所以會與我們的母親結婚，並非沒有道理。母親名依蓮娜，人稱伊布，是烏克蘭裔的美籍藝術家，從小就生活在形狀與顏色的世界裡，終日追尋具原創性的樣式，以及研發新的素材，是一位自然不造作的設計師，創作雕塑、物品、珠寶等。

　　麵包帶領父親走進藝術的領域，母親不只支持他在這條路上走得更遠，並豐富了他的視野。我和妹妹雅典娜可說是與母親同在一個創作、藝術表達與研究探索的宇宙，而父親的目光，總是熱切關注，閃著好奇，同時也帶著批判，始終看著我們。共度的時光裡，充滿分享的驚喜。話題總圍繞著一個母親新想像並捏塑出來的物品，將放在她位於巴黎皇家宮殿的畫廊；或者，共觀一幅畫，甚至是一本父親挖掘的絕版好書！而雅典娜尤其遺傳了母親的藝術天分。

　　普瓦蘭麵包與藝術家、作家、詩人們的合作不會間斷。妹妹和我有心維繫這種相輔相成。

　　父親原希望在二〇〇二年年底之前發表「給教皇的請願書——貪饞應從七大原罪中除名（改為囫圇吞棗或同義字）」。這封信是他生前與作家、歷史學者、作詞人、記者、廚師、創作家與設計師等各界朋友合力寫成。我們在二〇〇三年一月

花燭台。

艾波蘿妮亞‧普瓦蘭，位於紀念達利百歲誕辰而重新製作的麵包臥室，西元二〇〇四年。

二十九日將請願書呈交教廷；安娜‧卡瑞爾出版社將之付梓。這封請願書也曾被譯成日文。

二〇〇四年，為慶賀達利百年誕辰，我們重新製作了——當然是用麵包——那套著名的臥室家具，實品大小，完整無缺：天頂眠床、櫥櫃、吊燈、床頭桌、床前腳墊……只有米契麵包樣式的抱枕其實是用布縫的。這套作品展示在蒙馬特的達利空間。製作過程中，師傅和夥計們不斷遇到難題（麵包宛如有生命，產生各種反應，我們必須調適自己去配合），於是我們更加明瞭，父親在三十五年以前是完成了多麼艱鉅的挑戰。在大師的巨幅照片凝視之下，組裝家具時的氣氛頗有超現實之感。不過，成果似乎還能經得住普瓦蘭式的詳細檢視：精雕細琢，一絲不苟。這間臥室在揭幕當天舉行拍賣，所得捐給慈善機構「麵包心」；得標者是座落於聖蘇皮斯街的聖哲曼精神旅館（hôtel Esprit-Saint-Germain, rue Saint-Sulpice），這個作品也像當初達利所說的一樣，證明該旅館「沒有老鼠！」

一般而言，我們在畢耶佛的麵包師傅們還蠻喜歡製作些不同凡響的特殊物件。例如格勒內大道店面櫥窗裡的花燭台，或在西元二〇〇五年，紀念樺榭美酒指南（Guide Hachette de vins）二十週年慶而製作，那支高約兩公尺的波爾多酒瓶，都在在證明他們的才華足以應付這類挑戰。

一九九三年的電視劇集「麵包達人」（Les Maîtres du pain）根據貝爾納‧蘭特利
（Bernard Lenteric）的小說改編而成（故事敘述兩名孤兒被一名麵包師傅扶養長大），最
近剛出了DVD，於是拍攝當時的回憶再度被勾起：父親將他所收藏的物品和工具出借給
劇組；而我們的麵包師傅亞蘭‧帕倫坡，他的雙手則被選為麵包師傅的「替身」。

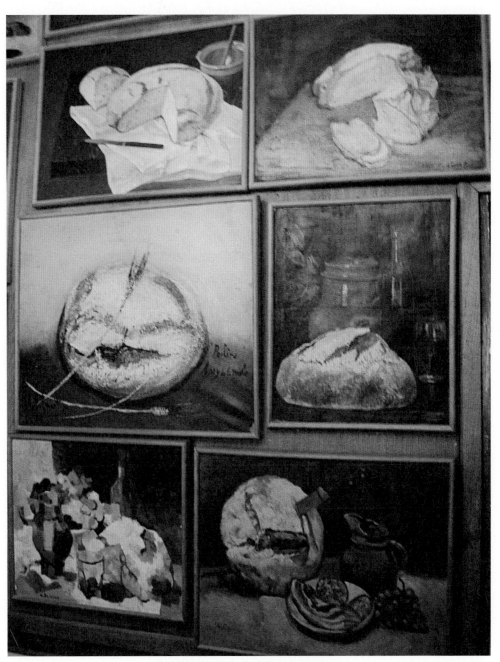

這幾幅畫裡的麵包都以普瓦蘭米契為範本。

Les collections
Poilâne

普瓦蘭收藏

文：艾波蘿妮亞・普瓦蘭

　　父親喜歡蒐集所有與我們這一行的根源相關的事物。對一名收藏者而言，麵包的世界像是一團無邊迷霧，涉獵所有範疇；從日常生活到抽象象徵，從物品到心靈。那是一個引人入勝的世界。

　　麵包舖的一些元老仍記憶猶新：里歐奈・普瓦蘭能運用自然的力量，將一般會腐化的物品變得永垂不朽，像從中國帶回來的十來個「新鮮」小麵包（那是七〇年代的事了！），如我在「世界上的麵包」中所提到的，一回到法國之後，便被父親浸泡在一種樹脂裡；果不其然——這些封塊樣本至今仍讓前來造訪的參觀人士深深著迷。

切麵刀、傳統烤麵包架和信物棒

麵包師傅用的幾種「切麵刀」。

　　說到麵包師傅的收藏，人們第一個想到的，就是工具、器材和專業用品。畢耶佛手作工廠的「博物館」空間對不懂看門道的人而言，幾乎像個雜貨倉庫，但內行人就知道，在這兒，可以找到所有元件來忠實重建傳統氛圍：工作坊、麵包舖，甚至是古時候的內部裝潢，比方說，可以應用在拍攝影片上。另有各種新奇的物件，例如「信物棒」——把一支木棒分成兩截，麵包店老闆和客人各取一段，每次做買賣時就拿出來比對，刻上騎縫溝痕，外表十分不起眼，但能巧妙地避免欠款爭議，父親收藏了幾支。

　　有些物品本質特殊，經過歲月累積，自成一組收藏。例如麵包師傅用來切麵團和塑形的「切麵刀」，或是之前提過的傳統烤麵包架，每一個都值得仔細比對，將發現它們個別的巧妙設計，像是如何平放在爐膛炭火上或烤爐上煎烤米契切片或小片吐司，卻不致燙傷手掌或手臂……

油畫、玻璃畫，還有噴漆「塗鴉」

　　畢耶佛還擁有一大筆畫作收藏，肇始於祖父皮耶·普瓦蘭與聖哲曼德佩的畫家們之間的對話。這些畫現在分散在各家普瓦蘭麵包店：榭爾旭米帝街、倫敦，以及格勒內大道的分店，在那裡，還有些作品以玻璃畫的形式保存下來，多以豐收為題材。最近剛有一幅大尺寸畫作加入這筆收藏，作者亞烈士（Alex）是一位「塗鴉畫家」，用噴漆罐以非比尋常的精準捕捉了雙手捏塑麵團的動作。

　　至於普瓦蘭的其他收藏，基本上是一些可喜（卻也非常用心）的小玩意兒：版畫、

噴漆畫，作者：「塗鴉專家」亞烈士（Alex）。

幽默的麵包菜單，一九一四年到一九一八年一次大戰期間。

報紙與夾頁，其中蘊含了我們家族的回憶，或關於其他麵包師傅朋友。大多來自意外獲得的小發現，包含喊價買到的拍賣品，以及各種在刊物上找到的驚喜。

西松納軍營（camp de Sissonne），分發麵包，
一九一四年到一九一八年。

的確有些凌亂，但一定都是原物真品。無論是稅制公告或法令宣導、小廣告、口袋版月曆，或明信片（店面、餐點和鄉村景色），而第一冊明信片簿是祖父皮耶親自蒐集整理的。

Vive le pain à discrétion!

明信片上以麵包為主要畫面，用途卻是服飾和鞋子的廣告！

歌曲「麵包店老闆娘真有錢」的各種版本插圖。

版畫與漫畫、海報及歌曲

表演節目的海報，例如：「大使」音樂廳（les Ambassadeurs）的「麵包學徒的聚會」（La Fête des mitrons），巴-塔-客隆咖啡館（Ba-ta-clan）的「管道清潔工與麵包學徒」（Ramoneurs et mitrons）與歌譜歸為同一類，其中當然包括「麵包店老闆娘真有錢」（La Boulangère a des écus）這首歌。此外，《插畫》雜誌中的「吉爾·布拉」（Gil Blas）、「吵吵鬧鬧」（Le Charivari）和「餐盤上塗奶油」（Assiette au Beurre）也為這部分的收藏增色不少。

祈福麵包，Cham 畫，西元一八七〇年。

管教圖，十九世紀版畫。

　　漫畫數量很多；大部分是社會政治方面的題材，人民公社時期的畫作特別多：麵包配給制度、夜間烘焙禁令、掠奪麵包舖、祈福麵包的（可能）來源，以及禁止將麵包製作成王冠形狀。

　　版畫隨著時代累積：技術題材如揉麵機、手提烤箱等；描述類型如工作坊與麵包舖、法國與其他各地的麵包舖、軍方麵包舖及公共救濟事業局；私人畫面如日常生活的場景，多半刻畫市井小民，像是母親細心地將麵包均勻切片，分給一大家子；若描繪富裕之家，題材則繞著美食打轉。

麵包搬運工，一九一四年。

普瓦蘭麵包之書

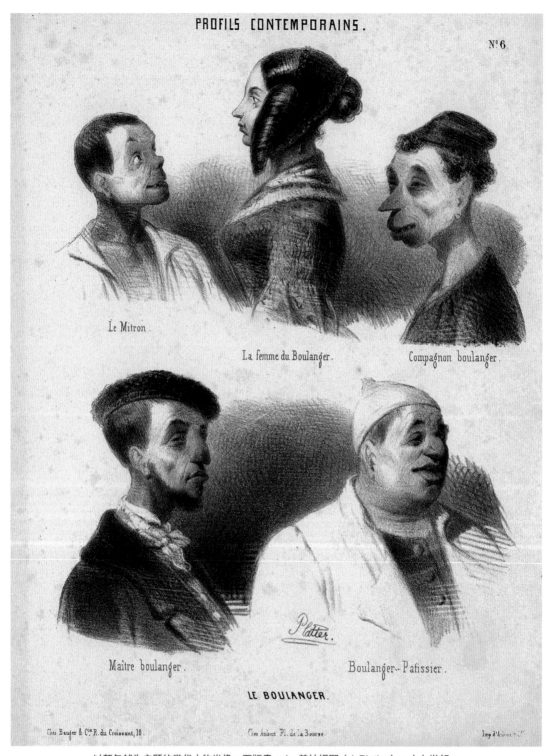

以麵包舖為主題的當代人物肖像，石版畫，J·普拉提耶（J. Platier），十九世紀。

麵包師傅，石版畫，嘉瓦尼（Gavarni），刊登於《喧鬧報》，十九世紀初。

從麵包學徒到搬運工

　　與麵包相關的角色一個個出場：學徒、老闆娘、夥計、達人師傅、麵包糕點師（參考普拉提耶的石版畫），還有漂亮的女搬運工（彩色）。那真是一隊供奉麵包守護者聖歐諾雷（Saint Honoré）的遊行行列。有時候，麵包師傅會盛裝出場：在嘉瓦尼的版畫裡，他腰間繫著寬大的白色長褶裙，讓人聯想到「襯架蓬蓬裙」。

　　動物也不缺席。甚至還穿上衣服：一隻蜜蜂媽媽將奶油麵包片分給她的小蜜蜂們吃；在「麵包師傅的噩夢」裡，床頂蓋下方，一隻長嘴鳥旁邊露出一顆驢子的頭；或是「點心」講述一個小人兒與淘氣貓咪「分享」一片奶油麵包的故事，這篇連環漫畫出自史戴龍之手。

還有書信

　　簽名收藏也頗具分量，營業這麼多年來，有許多人寫信到普瓦蘭麵包店。有些信封上的地址唸起來恰巧押韻，有的信上附有插畫或圖案（特別值得一提者：漫畫家皮耶姆Piem），以及讚美麵包的詩歌（還有些專門為普瓦蘭的麵包量身打造！）。真的是一種享受！

　　現在，電子郵件也成了收藏品。例如一封從以色列捎來的訊息，寄件人是父親的一位編輯朋友，阿迪·薩弗蘭先生。他在郵件中講了這個關於麵包師傅的故事，非常動人，值得在此引述全文，與大家分享：

　　「我祖母家裡三代都是麵包師傅。我直到前幾年開始對麵包烘焙產生興趣之後，才知道這件事。父親告訴我，在本世紀初，祖母九歲的時候，在她的俄羅斯老家，發生了一場激烈的反猶太人攻擊（大屠殺）。她的父親是一位麵包師傅，搬來許多大木頭擋住大門，試圖拯救家人逃過亂軍追殺。就在門快被撞開的時候，我的祖母，以她當時小女孩的直覺，從一道狹窄的窗縫丟出剛烤好的米契麵包。或許因為麵包還熱呼呼的，又或許是這個動作本身的關係─永遠沒有人知道為什麼，總之，士兵們搶走戰利品，然後就離開了。『麵包救了我們大家一命，』每次父親切麵包時，祖母總這麼說。父親聽了則點點頭，表示贊同。他總習慣將刀刃鋒利的那一面轉過來朝自己，而桌上若有麵包屑，他也會蒐集起來。我們本著這樣的心態，這一天，在義大利的普格里亞（Puglia）城切開麵包，而根據傳統，誰在切麵包時掉麵包屑，就將被處罰到地獄之門被烈火烤，掉落多少碎屑，就要被火烤多少年。」

　　只要有麵包，普瓦蘭的收藏就會發酵。

Je suis bien contente de vous , aussi vous allez avoir des tartines.

「我很滿意你們的表現，所以准許你們吃奶油塗麵包。」

蜂窩裡的塗醬麵包……安德魯‧貝斯特‧傑洛瓦（Andrew Best Geloir）

里歐奈・普瓦蘭在私人圖書室，榭爾旭米帝街。

La bibliothèque Poilâne sur le pain, documentation d'une passion

普瓦蘭麵包圖書館，狂熱執著的資料庫

文：艾波蘿妮亞・普瓦蘭

　　探索父親的圖書室就等於在小麥與麵包，磨坊與揉麵盆，石磨麵粉與麵包舖的歷史中旅行——遊走於各民族為改善日常生活而發揮的巧思；瀏覽人類遭遇旱災、嚴寒、飢荒或傳染病、戰爭之時，為求生存，如何奮鬥；同時也看到人類想法的演變：從面對新嘗試時的恐懼不安，到明白掌握新方法最終可能帶來什麼樣的好處。

參考著作、絕版珍藏、初版首刷

有人對我們說：這座「麵包圖書館」是專業人士的參考樣本，以題材、初版及絕版的藏書品質而言，堪稱獨一無二。父親當初下了堅定的決心，從六〇年代開始，逐漸蒐集他感興趣的作品，無論是法文或其他國家的語言。若有學者及研究生的研究主題吸引他，他也大方開放櫥窗任憑瀏覽。於是，除了研究論文之外，另有約兩千五百冊的分析報告、百科全書、短文、警察條例、文學作品和麵包食譜等（再加上一八三四年出刊以來的「巴黎麵包舖年鑑」），全都編目存放在榭爾旭米帝街的「里歐奈·普瓦蘭圖書室」裡。

法令、條文及警察條例

這套藏書中的最古老作品是「白麵包條文」，出版日期是一五九一年九月十六日。書中詳細描寫如何用啤酒沫製作這種精緻的「一口麵包」。在同時期的「麵包箱與麵包櫃之規則」一書中，我們赫然發現了帳目清單，而且保存得非常好。

警察條例有很多，可從內容中看出許多麵包業發展的指標。例如西元一六四九年由國王的印刷臣發給所有麵包師傅的警察條例：無論麵包大小，都要標上商品記號。或是有一篇則為：「**波爾多市長、市政官、總督、法官和警察發布之新條款，規定三款麵包的價格，這三種麵包必須在波爾多市由麵包師傅製作，秤斤販售。**」

紛擾之始 VS. 靈感泉源

在投石黨時期（La Fronde，一六四八年到一六五三年法國反專制政權黨派）各方干預頻繁，反叛危機升高，如一六四九年的「因麵包匱乏，巴黎麵包店裡悍婦爭吵風波」；同時筆戰攻訐，如同年的諷刺詩「麵包降價」，文體尖酸詼諧。

激昂狂熱的靈感代代傳承——且看在《麵包學徒的悲慘歲月》（*La misère des garçons boulangers*，一七六〇年出版）裡，麵包小學徒的悲嘆，化成了押韻的詩句：「**去貢內斯，麵粉尚上那裡，麵團揉得不夠力！**」（à Gonesse, chez Jean Farine, au pain mal pétri）！

十八世紀經典：
馬盧恩的「百科全書」和帕蒙提耶的「論著」

本書中多次提及，父親常參考一部頁數驚人的重量級作品：《磨坊主人、麵條業者及麵包師傅的技藝描述及細節——附加麵包業短史及所提技藝之字典》（一七六七年），作者是法蘭西學院醫生的保羅-賈克‧馬盧恩（Paul-Jacques Malouin）。這部書的標題一般被簡化為「馬盧恩百科全書」。這是圖書室中最有分量的著作，尺寸也最大。

書架上放在它旁邊的是十八世紀最豐富、翻閱率也最高的作品：《完美的麵包師傅，又名：麵包製作與買賣之完整論述》，作者是安東尼-奧古斯都‧帕蒙提耶（一七七八年）。他將馬鈴薯引進法國，是預防醫學的先驅之一，確實頗有意願為麵包業盡一份心力，在巴黎的格蘭德—楚安德里街（rue de la Grande-Truanderie）成立了第一所麵包學校。在一七八〇年六月八日，帕蒙提耶與卡戴德沃曾聯合發表「免費麵包學校開幕演說辭」，可惜這所學校無法撐過法國大革命。父親在一九八一年重新印刷五百份「論著」，分送朋友，並且加上自己編寫的序言。

植物及生物的學術研究與發現

從啟蒙時代開始，植物與生物的研究與麥種、麵粉和麵包皆有關聯，每一個世代都有許多相關的學術著作問世，證明人們非常重視這塊領域。

在悌耶（Tillet）的「試論造成玉米穗腐爛發黑的原因及預防方法」（一七五五年）之後，帕蒙提耶也發表了「玉米及麵粉分析之實驗及思考」（一七六六年）。

這兩篇論文發表後四十年，英國人艾德林（A.Edlin）的著作《製作麵包的藝術及優質小麥綜合分析之理論與實用觀察；論製作輕麵包最好的方式；附加幾則關於小麥品種及疾病之研究……》才問世（一八〇五年）。父親找到的是法文譯本（一八一一年）。

關於麵粉磨坊與麵包業的宏偉文學

父親曾指出，關於磨麵粉業及磨坊技術，最早的資訊出現在馬盧恩和帕蒙提耶的作品裡。但其實他的圖書室中還有許多後來的作品，不惜篇幅地探討這個領域：如羅黑（Roret）被稱為「百科全書」的《麵包師傅、穀物議價商、磨坊主人和磨坊建造者的完整新手冊》（一八四六年）。本書中有些章節還參考了阿曼先生（L. Ammann）編著的《農業百科》（一九一四年），論述磨坊及麵包業的部分，這套百科全書是一份非常齊全的參考文獻。此外還有馬歇·阿爾邦（Marcel Arpin）的《磨坊與麵包業歷史，從史前時代到一九一四年》（一九四八年），阿爾邦先生在一九二四年創辦法國磨坊學校，是一位「學識豐富又正直的教授」。

當代關於麵包及相關範疇的出版品也不斷加入與古老的文獻並列。我們始終希望這座資料庫能提供內行人最完整的訊息。

皮耶、里歐奈及艾波蘿妮亞‧普瓦蘭：傳承三代的麵包師傅。

Guide
technique

技術指南

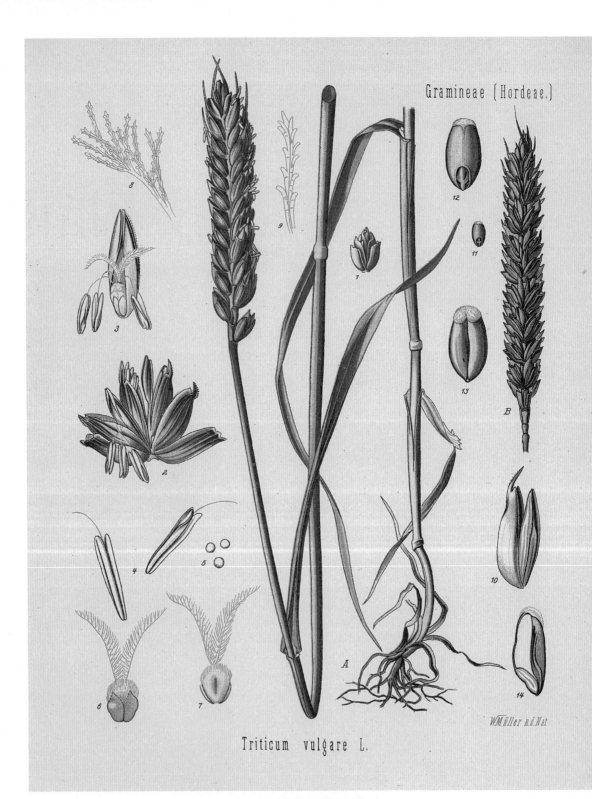

Gramineae (Hordeae.)

Triticum vulgare L.

W.Müller n.d.Nat

一般小麥的植物學分解圖。

從穀粒到麵包：穀物、石磨、麵粉
Du grain au pain: céréales, meules et farines

文：里歐奈・普瓦蘭

　　小麥現在是歐洲的主要作物，最早的時候卻非如此。有很長一段時間，黑麥才是最大宗的穀作。法國麵包的好名聲，其實有一部分來自於法國人比其他歐洲人早一步欣賞小麥，並且提升了小麥的價值。今日，小麥是地球上排名前三位的大宗穀類，其餘兩種是玉米和稻米。小麥更與稻米共列為人類食用最多的穀物，是穀類交易的第一位。歐盟是全世界最大的小麥生產區，第二位是中國，而且遙遙領先美國（美國是世界最大的玉米產地）。

　　穀物是地球全人類的基本糧食。正如前文已述，人類學者直接用領土最主要的作物來作為各個文明的特色：中國南方與日本的稻米文化、拉丁美洲的玉米文化、非洲的粟米文化，以及歐洲與北美的小麥文化；而麥穀正不斷擴大其影響範圍。

地球各地的小麥收成周期

　　在今日，地球上每個時節都有小麥收成，收割順序如下；當然，這份時曆會受氣候災變影響：

　　一月：阿根廷、智利、澳洲、紐西蘭

　　二月：巴西、烏拉圭

　　三月：印度西部、上埃及區

　　四月：墨西哥、古巴、北非、下埃及區、塞浦路斯、伊朗

　　五月：中國某些地區、日本、佛羅里達、德州

　　六月：加利福尼亞、土耳其、歐盟南部

　　七月到八月：加拿大、歐洲、俄羅斯某些地區

　　九月：蘇格蘭、斯堪地維亞納半島、俄羅斯北部

　　十月：澳洲某些地區

　　十一月：秘魯、南非

　　十二月：緬甸、衣索比亞（在這阿比西尼亞地區，應是第一次出現小麥的蹤跡）

畢耶佛麥田收割。

◢ 軟粒小麥做麵包，硬粒小麥做麵和粗麥粉

　　僅僅一個世紀的光景，法國小麥耕地的收益明顯大幅改善。西元一九〇〇年，每一公頃麥田生產十六到十八公擔；到了西元兩千年，提升至每公頃六十公擔，若只算軟粒小麥，每公頃已達七十公擔以上，軟粒小麥是法國的主要作物，而法國更是歐洲最大的軟粒小麥生產國。

　　軟粒小麥又稱優質小麥，用於麵包業；而硬粒小麥則比較適合做成粗麥粉及麵條。各品種之混雜起源於十九世紀。而從一九四五年起，我們親眼見證了不起的品改，還有「in vitro」耕種法，使全世界的麥種擴展到三萬種以上，而且研究不斷進步，篩選出更加健康的小麥品種（抵抗惡劣天候、蟲害與病害），同時也更合乎「優良的麵包價值」。在法國，從八〇年代初期起，優質小麥的品種如繁花般變化萬千，時至今日可數出約兩百種，通常出現還未超過二十年；硬粒小麥則集中在普羅旺斯。

◢ 讓數字說話

　　數字的好處是能清楚扼要地說明狀況。因此我想在此讓幾項數字說話，以杜絕不必要的舌戰。

西元兩千年，法國的狀況：

● 西元一九九九年的軟粒小麥收成破歷史紀錄：共達三千八百三十萬公噸。

● 西元兩千年的軟粒小麥收成為三千五百九十萬公噸，遙遙領先歐盟其他十四國。歐盟軟粒小麥的總產量超過九千五百萬公噸，光是法國產量就超占了三分之一以上。不過，歐洲最大的穀類輸出國卻是德國。

● 法國的軟粒小麥產量在全世界排名第四（占百分之六），前三名分別是：中國、印度和美國。這四個國家總共占了全球產量的一半左右，世界總產量在二千年為六億公噸，一九六○年時卻僅有兩億公噸，也就是說，在四十年內成長了四億公噸。

● 法國境內的軟粒小麥耕地遼闊，約共五百萬公頃；占全歐盟耕地面積一千五百萬公頃的三分之一。

● 每公頃的軟粒小麥收成超過七十公擔，在一九六○年的時候為二十五公擔，即表示四十年來每年每公頃地的收成約增加一點二公擔。

● 可做麵包的小麥播種面積逐年明確而穩定地成長，已達全法國麥田面積的百分之八十左右。

■ 再讓數字說話：關於 磨坊、麵粉與麵包製作

在這方面，想當然爾，法國是歐洲軟粒小麥麵粉生產國中的佼佼者。西元二○○○年到二○○一年間，法國的磨坊業者用五百一十萬噸軟粒小麥，生產出三百九十萬噸的麵粉。

然而，仍在運轉的風車數量卻快速驟減。西元一九○○年，法國全國境內尚有三萬座；到了一九四五年減為一萬座，而到了西元兩千年則僅剩六百一十三座。這些風車規模不一，但僅用其中百分之四即可完成麵粉總產量

格勒內大道，普瓦蘭麵包店店面，淺浮雕。

的百分之五十五。

　　麵粉產量的三分之一用在麵包工作坊。西元兩千年，法國境內共計約三萬四千家手工麵包店，一九六五年時有五萬家，一九八〇年時約有四萬家，其中消失最多的是鄉間的小企業和麵包店。仍然在營業的麵包店中，約有四分之三聘用一至四名員工；其餘四分之一店家則可容下五到九名員工。全法國的麵包從業員工共約十四萬人（其中有十萬名支薪員工，一萬六千名是學徒），供應的產品占法國麵包市場的百分之七十。

▨ 普瓦蘭嚴選麵粉——以各種石磨碾成

　　耕種方式自然在穀類的品質上扮演重要角色。此外，法國磨麵粉業者每年會製作一份清單，推薦當年各品種的小麥，並且補上一份可製麵包的小麥清單。

　　不過，特別有一點是我決不妥協讓步的：與我們合作的麵粉業者所使用的小麥絕不可有一絲農藥或殺蟲劑殘留。

　　磨坊主人的第一要務便在於挑選麥種。就像製作咖啡一樣，混合不同品種的麥穀，調整適當的分量，有助於消除缺點，提升品質，但是與咖啡的相似性也僅止於此。專家阿爾邦（Arpin）在一九二七年的書中曾列出一份表格，比較法國所耕植的不同麥種，還註明每一種小麥會給出什麼樣的「麵包氣味」。

　　對於我們用來製作米契的麵粉，我十分講究，務必嚴格審核。這項工作內容十分清楚且力求精準，有助於維繫我們與磨坊主人之間良好的合作關係。

　　我只用全程以石磨磨碾

里歐奈·普瓦蘭，麥田中。

而成的麵粉。這道程序耗費精神體力，大費周章所得的產量也相對微薄，但產品與眾不同的關鍵即在於此，就連觸感都不一樣：絲絨一般，有一點滑膩，非常細緻。剛磨好的麵粉散發出優質小麥的怡人氣息，像微微發燙的打火石。若麵粉是以滾筒製作，麩皮會太多所以不夠細，因而變成粗粉又帶太多顆粒。從石磨磨出的麩皮則變得很小，有黏性的麵粉比例較高。

在石磨上，要區分產品等級（白粗粉、棕麵粉和精粉等）並不容易，因為磨盤石塊的表面粗糙不平，能將麩皮碾成極細小的粒子，融入麵粉之中。用石磨磨出的所有麵粉都帶有麩質（這一點在許多方面都很重要，也包括轉運上的便利性）。籠統地說，石磨麵粉可算是一種不一樣的麵粉。

■ 技術上的揮汗苦力與巧奪天工

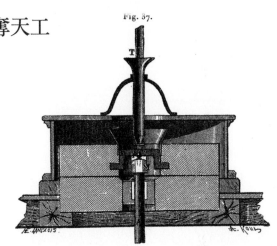

一對石磨盤的剖面圖，《磨麵粉業論述》，吉哈爾與蘭德著（Girard et Lindet），一九〇三年。

以石磨磨麵粉起源極為古老，但在馬盧恩和帕蒙提耶的論述以前，我們找不到任何明確的指示……直到今天，基本技術仍然不變：兩塊圓型磨盤，首先是「臥盤」，固定在地上，靜止不動；另一塊稱為「轉盤」，在臥盤上方轉動，兩者間的距離可以調整，每分鐘轉一百到一百二十圈。兩塊圓盤共一軸心，稱為「立軸軸承」，從圓形的「孔眼」貫穿。轉盤由一根軸棍垂直穿過臥盤孔眼帶動。由木製大盒的「弓箱」（archure）包覆磨盤，以免麵粉粉塵在磨坊裡亂飛。

石塊的材質最為重要。太軟的石頭容易粉碎，若與麵粉混在一起當然不好。太硬的石頭則會愈磨愈光，穀粒就很容易滑跳出來。在今日，磨坊主人多使用包膜的合成石，但在以前，石磨都用花崗岩或粗砂燧石，裁成一整塊或用工人蒐集來的「碎石磚」壓製而成，咬合力更佳。在拉費爾泰蘇茹瓦爾（La Ferté-sous-Jouarre）曾計有三百座採石場，在國際上名聲響亮。沒多久以前，這些採石場都關閉了，那是六〇年代的事。而在當今這個時代，人們很難體會採石工和挖石工的辛苦，還有製造工、刨修工及裁切工的工作環境中礦石與金屬粉塵飛揚的難受；更難以想像這些巨大的石磨當初經由馬內河運送，

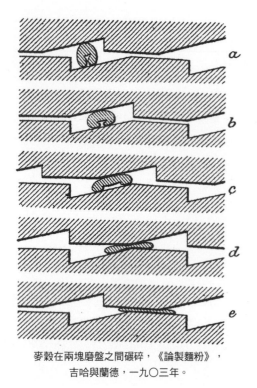

麥穀在兩塊磨盤之間碾碎，《論製麵粉》，
吉哈與蘭德，一九〇三年。

再走海路（據說，石磨就用來當作船隻的壓艙物），外銷到英國、美洲，甚至遠達紐西蘭。

石磨由同心圓組成，表面上的溝槽經過精心計算，從圓心孔眼朝圓周刻出幾道主線，兩旁再沿線平行刻出溝痕。所有刻痕都呈V字型，一刀向下一刀斜上。而上下兩扇磨盤的刻痕則朝同一個方向「發散」，面對面擺放起來，刻線相對，溝痕方向就相反過來了。當風車運轉起來，麥穀從轉盤的孔眼倒進，刻線交錯，就能有效地碾扯穀粒。受到離心力推動，小麥會流入兩扇磨盤之間。起初先被搗壓成粗粒，然後逐漸研磨變細，兩扇磨盤之間的縫隙愈磨愈小，直到磨麵工根據麩皮比例決定出的距離，藉以得到心目中理想的麵粉。

■ 麵粉的分級：型號及萃取率

平均而言，一百公斤小麥可得出七十五公斤的麵粉。於是我們說「萃取率」，也就是麵粉的產量，是百分之七十五。若繼續研磨穀粒，可以將萃取率提高到百分之九十八。萃取率愈高，麵粉就愈營養，反之顏色就愈白。為了取得全麥麵粉，在磨出的全部麵粉中還要加上一部分在生產過程中被淘汰掉的麥麩。這些麩皮裡含有礦物質，稱為「灰質」（cendres）。依照一九六三年十月一日所頒布的法令，麵粉根據淨重一百公克中的灰質含量，區分「型號」。灰質含量愈低，麵粉愈白；主要成分皆來自麥仁。

因此，麵粉可分為：

● 白麵粉：型號四十五，主要用於料理及糕點製作；還有型號五十五，稱為「製麵包用麵粉」或「家用麵粉」，可用來製作白麵包和維也納式軟麵包；

● 特殊麵包用麵粉：型號六十五和八十。

● 棕麵粉：型號一百一十，用來製作黑麵包。

● 全麥麵粉：型號一百五十，用來製作全麥麵包和麩皮麵包。

　　此外應再補充：

● 若無特別說明，綜合麵粉這個字眼指的是「工業清潔過的純小麥麵粉」。

● 「優質麵粉」來自軟粒小麥，根據一九三五年四月五日的法令第四條：「絕對健康，誠實耕種，公開販售的小麥，也就是水分含量少於百分之十六，無異味，每百升重量不少於六十九公斤，碎麥含量低於百分之八，其他雜質含量低於百分之五。只有用這樣的小麥所磨出的麵粉，才可以貼上優質麵粉的標籤販賣。」

● 「精白麵粉」用的是硬粒小麥，經過特別的研磨程序。

　　除了灰質之外，小麥麵粉的主要構成成分為：

1. 澱粉——醣類，而其中的水分在受熱之後為麥粒吸收，能發脹至三十倍，形成「漿」，冷卻後凝固。

2. 麵筋，這個組織中的蛋白質經過水合及攪拌作用，有許多好處，彈性這個特質尤其特別。

3. 水分，分量約為百分之十五點五，比例會隨天候狀態而有所變化。所以，我們的麵包夥計會根據麵粉的狀態，及時運送到工作坊。這是非常重要的一件事，太過潮濕的環境可能造成發霉，甚或使麵粉發酵。

■ 現代麵粉的生產與價格受嚴格控管

　　就經濟面來看，麵粉的歷史過去頗值得玩味。在法國，無論哪一個時期，政府都時時干預，監控調整麵粉的價格，所以也間接決定了麵包的價格——麵粉價格第一次自由化是在一九七八年。

　　根據狀況——匱乏或盛產，干預的手法無奇不有。製麵粉業者到現在仍遭遇許多限制，這些後遺症可能來自於一九三五年為解決世界危機所訂下的法規，也可能來自為因應二次大戰時期，即戰後初期物資缺乏而強制執行的措施。當初因經濟恐慌而定下的法規未經廢除，與現行規章產生矛盾、不合時宜的法規問題，就連麵粉業者也避免不了。

　　要一一列出近代史上製麵粉業者承受的多變政策，清單可會又臭又長。僅列幾項最重要的紀錄即可：

● 根據一九三六年八月十五日所頒布的法令，創設國家穀物跨行辦公室（ONIC，Office national interprofessionnel des céréales）。戰勝之後，這個機構濫用權限（制定麵粉價格及萃取比例、運送之分段，以及壟斷進出口等），卻始終在穀物政策上扮演重要角色。

● 對麵粉製產品進行限額分配並且禁止建造新的磨坊。在半自由時期，特別是有鑒於麵粉生產的進化，政府當然憂心小麥市場的狀況，用最好的條件，確保能進口必備的糧食數量，或者，如當前情勢，出口剩餘的產量。也因此，政府會緊盯麵粉業的結構，因為業者能掌控這項產品的流向。

於是，我認為有必要引用幾項數據，讓大家更明瞭，從四分之三個世紀以來，法國在這方面的進展有多麼驚人：

法國小麥產量在七十年內成長了六倍：

● 1926年：六百三十萬噸　　　● 1950年：七百三十萬噸
● 1938年：九百八十萬噸　　　● 1979年：一千九百萬噸
● 1947年：三百二十萬噸　　　● 2000年：三千五百九十萬噸

二十年內的改變：從烏克蘭進口小麥到外銷至中國

若說在一九七九年，六百萬噸的麵粉才夠確保法國存量充足，二十年後，在西元兩千年，基本存量降低到兩百四十萬噸。這樣的落差與八〇年代觀測到的麵包消費量驟減有極大的關聯。九〇年代初期情勢平緩下來，後來終於出現些微提升（一九九八年到二〇〇〇年），一部分要歸功於社會對三明治和速食的迷戀。

我們甚至可以預測，在一定的時間內，人口成長會帶動產量之增加。

但事實上，在今天，法國小麥的產量過剩太多：西元兩千年，法國是世界上第四位小麥生產國，也是最大輸出國之一。回想起西元一九一〇年，法國尚且需要兩百四十萬噸小麥——其中三十萬公噸是由俄羅斯進口，而國內西南部的磨坊當時碾壓了許多由烏克蘭進口的小麥。

從那時起，情勢整個轉變：在一九八五年到一九九六年間，換成法國對中國賣出了一百七十萬噸的小麥！

然而，過剩的小麥必須依循國際市場的價格販售。供需之間永遠無法取得平衡（麵包消費降低，但第一次大戰之後，風車磨坊的磨碾技術愈加進步強大），致使當權者認為，只有抑制磨麵粉業者間的競爭，才能穩固小麥市場。因此，磨坊的生產力受到限制，政府還禁止開設新公司。但法國的磨麵粉業早在一九三五年就已增設過多設備，在設備上做了太多投資，大環境卻不利生產獲利，導致磨坊的數量大幅減少：一九四五年還有一萬座，一九八八年，剩下一千座，並逐年耗損，到了西元兩千年，更只殘餘六百一十三座。

磨麵粉業與麵包業的未來皆可預期

在我看來，經濟自由遠比統制經濟好得多。不過也必須承認，自由經濟的好處特別顯現在工業擴充的可能性。可惜這在磨麵粉業和麵包業都派不上用場，經濟部門都能預知每年這兩項應該處理的產量，與實際數字的差距只在幾噸之間。只要市場健全，就能形成這樣的均衡狀態。

即使限制重重，麵包和製麵粉業者仍然能維持良好，表現活躍。麵粉業者投入附加活動，如生產牲畜飼料，以及近年來發展的「混合包」，也就是方便使用的半成品，像是已調配好糖粉、奶粉和蛋粉的布里歐麵粉。

手工揉麵，維多‧吉爾貝（Victor Gilbert），版畫（《圖畫共和國》，一八八六年）。

不辛苦就沒麵包：揉麵
Nul pain sans peine: le pétrissage

文：里歐奈・普瓦蘭

大致說來，揉麵這個動作是將水和麵粉結合起來，變成一團和諧的混合物，而麵團的密度與緊實程度則交由麵包師傅的直覺判定。這項操作極為艱難棘手，「困在揉麵盆裡」這個說法總讓我會心一笑，確實反應出揉麵時的窘困。要成功地用雙臂的力量，擺平六十五公斤麵粉外加三十五公升水，可不是件輕鬆的兒戲！

古時候，傳統揉麵都是徒手操作。在某些地區，甚至也用腳踩。我個人只在一幅版畫上看過這樣的場景，並且設計在我們的職訓教材裡。用腳踩的感覺頗類似榨葡萄酒汁。

自行車選手之父路易森・波貝（Louison Bobet）原是布列塔尼亞的麵包師傅，他把自己在上個世紀初所運用的徒臂「揉麵」的實質內容及分解動作告訴了我。這項操作被分為六個步驟：

「揉混」：粗略地混合麵團，應該快速完成。

「細製」：將麵團揉製得更均勻，必須以大動作完成。

「切割」：以手切分為每塊二十公斤的麵團，然後再加以揉搓。竅門在於將切下來的麵團一個個疊在一起，讓堆疊形成下壓重力，等於是一種「自動揉麵」。

「吹風」：這個動作很特別，目的在於試圖將空氣包在麵團裡，並且讓麵團「通風」。

「摔打」：在這個階段，每個二十公斤的麵團已經過揉搓，麵包師傅要消除殘餘的溼氣。藉由將麵團高高摔下與拉扯，完成這個步驟。

「眠臥」：沒錯，這個字眼讓人想到「臥室」。這是麵團在揉麵盆中休息的時間。師傅甚至要給它蓋上一條麻布，以免它受風吹，或在表皮形成硬殼。

第七個步驟與揉麵本身沒有直接關係，稱為**「柴量」**：這個設計非常簡單，卻十分聰明，能明確顯示麵團發酵的程度。在麵團表面上豎立一小塊木柴（甚至有人插一段掃帚柄），木柴有麵團支撐不會倒下。當柴塊上升一公分以上，就表示麵團已準備好了。

揉麵機，麵包坊裡唯一（非常）有用的機器

徒臂揉麵實在是一件辛苦至極的苦差事，很奇怪地，麵包師傅們仍非常仰賴這道程序。在上個世紀初，麵包業者對揉麵機的看法，就像當初里昂的紡織廠廠主看到賈卡織布機（Jacquard）問世一般。

這個工業革命的產物突然炸落在麵包業界，曾引起極度緊張。麵包工人擔心失去飯碗，揉麵這份工作儘管再辛苦，仍是他的驕傲；面對手下的擔憂威脅，麵包店老闆卻步不前；而顧客則怕麵包的品質受到影響，我們都知道，顧客最重視的就是品質了。

當然，相對於這樣消極的反應，也出現了強調衛生的論點：麵包師傅的汗水順著手臂和身體流入揉麵盆，這是很不衛生的事。

麵包公會固執了很長一段時間。不過，揉麵機最後還是獲勝了，慢慢地，所有

亞蘭——畢耶佛主麵包師傅——正要把麵團拿到工作檯上。

的麵包店都引進設置。它不僅成為最必要的工具，同時，根據我的理解，也是所有進入麵包坊中唯一真的很有用的機器。

不過，現代揉麵機仍有讓人持保留態度之處：速度太快，以至於麵團有氧化變白的現象。這種不自然的效果甚至在很鄉下的村莊都看得到：麵包變得很白，輕得像是膨鬆的保麗龍。

一座畢耶佛烤爐：烘烤之前，麵團蓋上麻布，在柳編籃中休息（圖左）。烘烤過後，等米契麵包蒸發水分（圖右）。

徒臂揉麵十一張分解圖，由尚－亨利·羅培茲（Jean-Henri Lopez）
根據維多·吉爾貝的版畫製成，西元二〇〇二年。

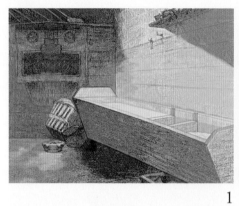

1

2

3

4

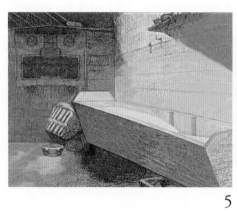

5

6

7

8

9

10

11

發酵——生命的契機，麵包師傅之高貴
Acte de vie et noblesse du boulanger: la fermentation

文：里歐奈‧普瓦蘭

　　當麵粉和水正確地混合在一起，而環境的溫度也適宜，發酵這個現象就會自動產生，無可避免。啟動發酵機制並使之完善，這是麵包師傅最高級的工作，是他最高貴的榮耀，因為這個動作造就生命。

　　自然，未經控制而產生的發酵，稱為「麵種」發酵；這種發酵方式從一個麵團傳到另一個麵團，前提是留下前一塊麵團中的一小塊，加入下一次的麵團製作（與優格的凝乳酶一樣）。

　　後來人類想像並且發展出另一種發酵模式，與這個方法並行，作用較迅速，但過程沒那麼細膩：篩選酵母菌（saccharomyces），置於適當的環境下培養，然後加入麵團中；這叫做「酵母」發酵，在今日廣為麵包師傅應用。

　　酵素可被分為兩類：「內生性」的麵種天然發酵，以及「外生性」的酵母，經過控制。

■ 了解發酵生命之偶然

　　種下酵素之後，必須對於發酵生命的隨機偶然性有很深的認識，才能確切掌握這項操作。這個階段很特殊，像是一位未來的母親，期待長期的孕育過程和諧順利，最終獲得一個近乎完美的產品。

　　若傳說是真的，麵包的發酵是一項偶然的發現：在距離現在很久很久之前的尼羅河畔，有一名婦女忘了把一塊麵團拿去烤。等她回過頭來發現時，麵團已經變了樣：膨脹變大，發酵了。婦人沒把這個畸形的麵團扔掉，決定還是把它送進烤爐（或許是捨不得浪費），結果得出比較輕盈的麵包，味道也更好。世界上第一個發酵麵包就此誕生。而在尼羅河的河泥中，人們發現了酵母菌，與今日用來製作酵母的酵素屬於同一類別，更加深了這則傳說的真實性。

關於發酵技術在歷史上及各文明之間的進展，我們知道得很少。根據聖經上的記載，我們可想像，希伯來人以自然發酵的方式製作麵包，因為有一則關於穿越沙漠時的回憶，正好提及他們無法讓麵包發酵（無酵麵餅）。人類學家並未能告訴我們多少祖先所運用的技術，最早關於發酵的可信資料僅能追溯到西元十七世紀。

■ 理想的發酵從麵包的味道判定

　　發酵並不只是讓麵包變輕，產生小洞而已。就像釀酒一樣，發酵帶來味覺上的感官特色，廣義地說，也就是麵包的個性。

　　要知道發酵是否良好，第一個指示應用鼻子來聞。麵包的味道應該要有水果氣息，意指「酸味」，而非單純麵粉攪水的味道。如果這種酸果氣息聞起來像熟爛的水果，那就表示酵母放得太多。

　　雖然，為了節省時間和成本，當今的趨勢不走天然發酵路線，但我個人終究偏好緩慢的發酵方式，讓麵包帶有微微的酸味，適合在口腔內形成優質的味覺。

　　麵包的這項特性也最講究「經驗老道」，並且讓麵包師傅隨時可能遭遇麵種「野性」發酵所帶來的意外，例如在暴風雨多的時節裡，麵包可能又扁又塌。

　　總之，在選麵包的時候，最可靠的判斷準則與發酵狀態有關。麵包不應過輕，那表示發酵太快太草率；聞起來應該帶有水果氣息，那意味著酵素培養得宜。

麵團盆特寫：揉擰好的麵團正在休息。

瑪莉-德瑞莎和艾蜜莉亞，格勒內大道的分店內。

法律規定的麵包：麵包業用語所代表的意義
Le pain dans le cadre de la loi:
ce qu'en boulangerie les mots veulent dire

文：艾波蘿妮亞．普瓦蘭

在今天，麵包的世界採用由許多條文規範的標準稱呼，其中近年來最重要的如下：

● 一九九三年九月十三日所頒布的法令，由總理簽署，並且於一九九三年九月十四日的《官報》上發布

● 一九九八年五月二十五日的法律

● 一九九五年二月歐盟的指示令，從一九九六年九月二十五日起於法國境內生效

以下是能幫助一般民眾正確了解麵包師傅的基本稱呼：

「麵包店」（**Boulangerie**）：這個商業標籤只能張貼在販售給最末端消費者的地點，而那裡必須有一位職業「麵包師傅」，利用經過挑選的原料，親自負責揉麵、麵團發酵和塑形等工作，並且要在當地烘烤麵包（生產或販售過程中產品不得經過任何急凍或冷凍）。當麵包由這名職人親自或在他的監督之下移地兜售時，也可使用這個稱呼。

「法式傳統麵包」（**Pain de tradition française**）：以無添加物之小麥麵粉製造，未經任何冷凍處理（非由距離販售點遙遠且急速冷凍而成的工業製麵團烤成）。

「招牌麵包」（**Pain maison**）：揉麵、塑形、烘烤、全程於銷售地點製造，或由職人符合上述製作條件生產移地兜售的麵包。所使用的麵粉中不得含有添加物。未經冷凍或急凍。

「麵種麵包」（**Pain au levain**）：招牌麵包或法式傳統麵包，根據麵種配方研發，帶有酸味比例，並且含有一定的醋酸成分。

「柴火麵包」（**Pain cuit au feu de bois**）：烤爐底盤為石材，直接以柴火加熱烤出的麵包。

「古式麵包」（**Pain à l'ancienne**）或「古早味麵包」（**Pain d'autrefois**）：以麵種發酵的麵包，麵團經過緩慢且不密集揉麵（目的在抑制氧化），而且在傳統柴火石烤爐烤成。無添加物，所有過程必須符合麵包業界的規定、固有習慣與傳統。「古式口味」和「古早風味」等說法亦受同等規範。

「鄉村麵包」（**Pain de campagne**）：應該遵循避免麵團發白的方法製作。可避免的方法：如使用麵種，有時可含有黑麥。

「黑麥麵包」（**Pain de seigle**）：含黑麥麵粉至少百分之六十五，小麥麵粉百分之三十五。黑麥少於這個比例則應稱為「含黑麥麵包」（Pain au seigle）。

「胚芽麵包」（**Pain de son**）：法律上，應混合兩百五十公克麩皮與七百五十克白麵粉製作。「含胚芽麵包」（Pain au son）的胚芽麩皮比例不明確。

「優質小麥麵包」（**Pain de froment**）：用小麥麵粉製作的麵包。法律規定所有法國麵包都該使用小麥麵粉。

「法式流行麵包」（**Pain courant français**）：可以含有至多十四種添加物。同樣地，某些「僅以優質小麥粉、水、天然酵母、麵種和鹽」製作出來的產品中，可以增添四種補充物……

La Halle aux blés.

Le Moulin.

Le Garçon boulanger.

L'Enfournement.

La Porteuse de pain.

Le pain.

Le porteur de sacs de farine.

La vente du pain

Le Pétrissage.

HISTOIRE DU PAIN. — Dessin de M. Gaildreau.

麵包世界的小標籤印版，加爾多侯（M. Gaildreau）繪，《圖畫一年》，一八六八。

參考書目

● 《甜魔鬼》，克莉斯汀・阿門戈，La Martinière 出版社，二○○○年。（*Le Diable sucré*, Christine Armengaud, Editions la Martinière, 2000）

● 《從穀粒到麵包：象徵，知識，實作》，布魯塞爾自由大學社會學研究所，一九九二年。（*Du grain au pain : symboles, savoirs, pratiques*, Institut de sociologie de l'université libre de Bruxelles, 1992）

● 《業餘麵包愛好者指南》，Robert Laffont 出版社，一九八一年。（*Guide de l'amateur de pain par Poilâne*, Editions Robert Laffont, 1981）

● 《麵包歷史六千年》，H.E. 賈戈，Seuil 出版社，一九五八年。（*Histoire du pain depuis 6000 ans*, H.E. Jacob, Editions du Seuil, 1958）

● 《磨麵粉業與麵包業的歷史：史前時代到西元一九一四年》，馬塞・阿爾邦，Le Chancelier 出版社，一九四八年。（*Historique de la meunerie et de la boulangerie depuis les temps préhistoriques jusqu'à l'année 1914*, Marcel Arpin, Editions le Chancelier, 1948）

● 《麵包書》賈克・蒙坦頓與羅傑・波文合著，洛桑出版社，一九七四年。（*Le Livre du pain*, Jacques Montqndon et Roger Bonvin, Edita Lausanne, 1974）

● 《里歐奈・普瓦蘭最好吃的麵包塗片》，賈克・格蘭榭出版，一九九九年。（*Les Meilleures Tartines de Lionel Poilâne*, Jacques Grancher éditeur, 1999 ）

● 《里歐奈・普瓦蘭最好吃的甜麵包塗片》，賈克・格蘭榭出版社，二○○一年。（*Les Meilleures Tartines sucrées de Lionel Poilâne*, Grancher éditions, 2001）

● 《磨坊主人：巴黎盆地內的磨具與石磨》，Agapain，村鎮報社，二○○二年。（*Les Meuliers : meules et pierres meulières dans le Bassin parisien*, Agapain, Presse du village éditions, 2002）

● 《磨麵粉業與麵包業》，L. 阿曼，J.B. Baillière et fils出版，一九一四年。（*Meunerie et Boulangerie*, L . Ammann, J .B. Baillière et fils éditeurs, 1914）

● 《喔！麵包》法國駐以色列大使館，法國協會，二○○一年。（*Ô le pain*, Ambassade de France en israël, Institut français, 2001）

● 《麵包》，貝納・杜培涅，La Courtille出版社，一九七九年。（*Le Pain*, Bernard Dupaigne, Editions la Courtille, 1979）

● 《麵包：農夫，磨坊主人，麵包師傅》，W. 齊耶與E.M. 布赫合著，Hermé出版社，一九八五年。（*Le Pain : paysan, meunier, boulanger*, W. Ziehre et E. M. Buhrer, Editions, Hermé, 1985）

● 《瓦桑地區微拉達黑內村之生日麵包》，馬塞‧馬傑，當代檔案出版社，一九八九年。（ *Le Pain anniversaire à Villar d'Arène en Oisans*, Marcel Maget, Editions des archives contemporaines, 1989）

● 《威尼斯的布里麵包》喬治‧瑟羅斯，Jouve 出版社，一九一三年。（ *Le Pain brié à Venise*, Georges Celos, Editions Jouve, 1913）

● 《人的麵包》，貝納‧杜培涅，La Martinière 出版社，一九九九年。（ *Le Pain de l'homme*, Bernard Dupaigne, Editions La Martinière, 1999）

● 《法國麵包：演變，品質，生產》，菲力普‧胡塞爾與雨貝‧席隆合著，Maé-Erti出版社，二〇〇二年。（ *Les pains français : évolution, qualité, production*, Philippe Roussel et Hubert Chiron, Maé-Erti éditeurs, 2002 ）

● 《完美的麵包師傅》或《完整論述麵包之製作及交易》，安東尼-奧古斯丁‧帕蒙提耶，皇家出版，一七七八年。（ *Le Parfait Boulanger ou traité complet sur la fabrication et le commerce du pain*, Antoine-Augustin Parmentier, Imprimerie Royale）

● 《回歸好麵包》，史提芬‧卡普蘭，Perrin出版社，二〇〇二年。（ *Le Retour du bon pain*, Steven kaplan, Editions Perrin, 2002）

● 《樹爾旭米帝街及其居民，從最初到現在》，保羅‧弗羅馬鳩，Firmin-Didot 地圖，一九一五年。（ *La Rue du Cherche-Midi et ses habitants depuis ses origines jusqu'à nos jours*, Paul Fromageot, Typographie Firmin-Didot, 1915）

● 《鹽麵團人偶》，凱瑟琳‧巴尤，Fleurus出版社，一九九四年。（ *Santons en pâte à sel*, Catherine Baillaud, Editions Fleurus, 1994）

● 《如果麵包會說話……》，貝尼諾‧卡塞列斯，La Découverte 出版社，一九八六年。（ *Si le pain m'était conté…*, Bénigno Cécéres, Editions la Découverte, 1986）

● 《論製麵粉業》，吉哈與林德合著，Roc de Bourzact 出版社，一九〇三年初版，一九九九年再版。（ *Traité de meunerie*, Girard et Lindet, Editions du Roc de Bourzac, 1999, réédition de 1903）

● 《麵包生活：製作，思考，談論歐洲的麵包》，Crédit communal 出版，一九九四年。（ *Une Vie de pain : faire, penser et dire le pain en Europe*, édité par le Crédit communal, 1994）

與麵包有關的博物館

麵包之家協會
Association de la maison du pain

Rue du sel, 67600 Sélestat / Tél : 03 88 58 45 90

製麵粉業經濟博物館——墨培徒斯風車
Ecomusée de la meunerie – Moulin de Maupertuis

Rue André-Audinet, 58220 Donzy / Tél : 03 86 39 39 46

小麥與麵包之家
Maison du blé et du pain

2, rue de l'Egalité, 71350 Verdun-sur-le-Doubs / Tél : 03 85 91 57 09

麵包業博物館
Musée de la boulangerie

12, rue de la République, 84480 Bonnieux / Tél : 04 90 75 88 34

鄉野麵包業博物館——麵包烤窯
Musée de la boulangerie rurale – Le four à pain

4, Grand-Rue, 27350 La Haye-de-Routot / Tél : 02 32 57 07 ou 02 35 37 23 16

磨坊博物館
Musée de la meunerie

Moulin de Marcy, 14330 Le Molay-Littry / Tél : 02 31 21 42 13

民間藝術與傳統博物館

Musée des arts et traditions populaires

6, qvenue du Mahatma-Gandhi, 75116 Paris / Tél : 01 44 17 60 00

香料麵包與懷舊古早味博物館

Musée du pain d'épices et des douceurs d'autrefois

Place de la Mairie, 67140 Gertwiller / Tél : 03 88 08 93 52

阿拉坦博物館

Museon Arlaten

Hôtel Laval-Castellane, 29 rue de la République 13200 Arles / Tél : 04 90 96 08 23

安普立斯城堡麵粉經濟博物館

Ecomuseu-Farinera de Castello D'Empuries

Sant Francesc, 5-7, 17486 Castello d'Empuries, Espagne / Tél : 972 25 05 12

還有很多……

生活風格 0025

普瓦蘭麵包之書

作　　　者—里歐奈‧普瓦蘭、艾波蘿妮亞‧普瓦蘭
譯　　　者—陳太乙
封面設計—鄭婷之
內頁設計—呂德芬
責任編輯—王苹儒
行銷企劃—田瑜萍

總 編 輯—周湘琦
董 事 長—趙政岷
出 版 者—時報文化出版企業股份有限公司
　　　　　108019台北市和平西路三段240號2樓
　　　　　發行專線—(02)2306-6842
　　　　　讀者服務專線—0800-231-705　(02)2304-7103
　　　　　讀者服務傳真—(02)2304-6858
　　　　　郵撥—19344724時報文化出版公司
　　　　　信箱—10899臺北華江橋郵局第99信箱
時報悅讀網—http://www.readingtimes.com.tw
電子郵件信箱—books@readingtimes.com.tw
法律顧問—理律法律事務所　陳長文律師、李念祖律師
印　　　刷—詠豐印刷有限公司
一版一刷—2011年1月21日
二版一刷—2020年5月8日
定　　　價—新台幣950元

（缺頁或破損的書，請寄回更換）

時報文化出版公司成立於1975年，
並於1999年股票上櫃公開發行，於2008年脫離中時集團非屬旺中，
以「尊重智慧與創意的文化事業」為信念。

普瓦蘭麵包之書 / 里歐奈.普瓦蘭, 艾波蘿妮亞.
普瓦蘭作；陳太乙譯. -- 二版. -- 臺北市：
時報文化, 2020.05
　面；　公分
譯自：Le Pain par Poilane
ISBN 978-957-13-8187-9(精裝)

1.麵包 2.烹飪 3.點心食譜 4.飲食風俗

439.21　　　　　　　　　　　109005061

ISBN　978-957-13-8187-9
Printed in Taiwan